ライネフェルデの奇跡

Das Wunder von Leinefelde
© 2008

Wolfgang Kil
Gerhard Zwickert
Ulrike Steglich
Iris Reuther

Sandstein Verlag, Dresden

本書は「財団法人 住宅総合研究財団」の
2009年度出版助成を得て出版されたものである。

ライネフェルデの奇跡
まちと団地はいかによみがえったか
Das Wunder von Leinefelde

WOLFGANG KIL
Gerhard Zwickert, Ulrike Steglich, Iris Reuther

翻訳：澤田誠二・河村和久

目次

9 はじめに──本書の構成

10 Fotoessay

21 村から工業都市へ──"まち"の生立ちから……

27 Fotoessay

45 "まちの再生"という大冒険

77 Fotoessay

89 ラインハルト市長は語る──これが私の人生

103 シュトレープ氏は語る──"東ドイツの影"も残るよう計画した

115 シュミット氏は語る──旗艦を州は支えた

123 住民の声──けっして楽じゃなかった

127 Fotoessay

139 日本庭園を訪ねて想う

144 ライネフェルデに学ぶ

152 ヴォルビスとの合併──リージョナル・シティの誕生

159 "減築パネル"の生む"新建築"

162 訳者解説

163 著者・訳者のプロフィール

はじめに
——本書の構成

　ライネフェルデの"まちづくり"はドイツの1999年の施主建築賞に始まって2004年のヨーロッパ都市計画賞、2005年の国際建築家連盟（UIA）の賞を受け、2007年秋には国連ハビタット賞を受けた事業だ。ジャーナリストなら誰でもこのライネフェルデのサクセスストーリーを書きたい衝動に駆られる。

　この"まち"の発信する情報は"ゼロ成長"でもやれる、と元気付けられるものばかりだ。"まち"が好ましい方向に発展し、ユニークで豊かな生活環境を創れるのは、人口増や産業の成長と共に進む時代だけとは限らない。

　"縮退するまちの時代"にもチャンスはある。東西冷戦終結後の旧東ドイツの都市崩壊に打ちのめされた人々は、ライネフェルデを訪ねれば元気が出る。縮小に合わせて再生した南ニュータウンの住宅団地は、ハウジングが小島のように残る集落でもなければ、"ビオトープ化"した草茫々の原野でもない。ここでは、住棟の撤去が最終的な解ではないのだ。

　かつて織物産業栄えたときの記憶は、たしかに簡単には払拭できない。それでも今日のライネフェルデに向けられる外部の視線を知るとき、市民たちが"糸巻きに絡めとられていた時代"は過ぎて"まちづくりの新時代"にあることを感じる。

　人口減少に対して拙速で無計画な"住宅の撤去"で対応した多くの都市には、現在目を覆う状況が残っている。冷戦終結の直後に、将来を見据えた現実主義者のかかげた"節度ある名誉の退却"という方針の下に計画的に建物を撤去することもできたはずなのだ。

　ライネフェルデ南ニュータウンの"実験"でわかったのは、人口減少による過疎化や成長の減速という回避できない現実がもたらす全ての問題も、毅然として計画的に立ち向かえば克服できるということなのだ。そこでは、都市経営の収益性が一時は低下したとしても、ネガティブ・ファクターは除去してポジティブ・ファクターをできるだけ伸ばそうという合意が成立していたのだ。

　本書の著者達は都市の専門家であり、旧東ドイツの社会構造の破綻がもたらした一般的現象を熟知している。自分達は、ライネフェルデの"例外的成功"のプロセスと、その"一般化の可能性"を探ることに大変な魅力を感じて"実験"を詳細に報告することを考えた。

　各章では各自が自問しつつテーマの核心に迫ることを目指した。G. ツヴィッケルト担当のフォトエッセーは、我々が次第にテーマに近づくプロセスの記録である。ツヴィッケルトは頻繁にライネフェルデを訪れ、この数年の間に"まち"が訪問者に見せた様々な表情を記録した。優れたフォトグラファーの彼は現実の建築や都市の姿を記録したが、これは主観の産物だと考えて、あえて場所の名前は挙げていない。すなわち単なる"旅行案内"ではなく、完成した都市の美しいパノラマとして見てもらいたいと考えたのだ。

　このパノラマこそ、多くの関係者、協力者、参加者が高くかかげた目標に向かって粘り強く創り上げた世界でも稀な新しい風景と言える。本書の読者には、これを手に"ライネフェルデの奇跡"の様々な側面を現地で確認することをお勧めしたい。

W. キール

※日本版の作成にあたっては原著のデザインと構成とを変更せず、文のみ入替えた。翻訳では、関連する諸文献を参照し適切な用語を選択したつもりである。（巻末訳者解説を参照）

本当の喧嘩になったことはない。
たぶん私たちも企業としてより市民として考えていたからだろう。
我々が管理する住宅だろうと組合の家だろうと、
このライネフェルデに、とどまってほしいという願いは同じだった。
バーバラ・ハーン、ライネフェルデ住宅会社社長

この数年来住民意識は高まっている。
もう誰も"南地区出身"を隠したりしない。
きれいな住宅があって、
近隣と仲良くやっていければ皆それだけで十分のようだ。
ペトラ・フランケ、エリア・マネージャー、南地区オフィス主幹

1989年になって組合に登録された住宅は、ハイネ通りのものを含めて、
住戸平面は改良されたが、建物としてはひどいものだった。
住棟の解体撤去がなければ、維持費は相当高くついただろう。
1996年のマスタープランを見たとき、我々は内心それらの住宅に別れを告げた。
パウル・シュミット、住宅組合代表

取り壊しが決まった建物では今後は修理など一切しないとはっきり言われた。
そういう住棟のほとんどは半年で空き家になった。
居続けようと頑張る人はいたが、
お隣が1人2人になるとどうしても耐えられなくなるようだった。
バーバラ・ハーン、ライネフェルデ住宅会社社長

この町はただ縮小しただけではない。住民の意識の変化が決定的だった。
以前はコンビナートに付随する単なるベッドタウンだったが、
現在では"自分のまち"になった。消滅した紡績工場を含めた
"新たな計画"を"新しい市民意識"で補うのに成功したといえる。
オラーフ・ラングロッツ、テューリンゲン州建設交通省部長

ライネフェルデの運命は、今後の社会的、経済的展開にかかっている。
都市改造は状況への反応であって、状況への働きかけではないのだから。
ベルント・フンガー、都市計画家・社会学博士、ベルリン在住

村から工業都市へ
——"まち"の生立ちから……

上：ライネフェルデ村、バーンホフ通りの教会塔から、1942年
下：ライネフェルデ旧市街、バーンホフ通り、1969年

　アイヒスフェルト郡の住民がそこを"ドイツのど真ん中"と呼ぶのは、北にハルツの山並み、南にはテューリンゲンの森が、西はヘッセンの山のハーフティンバーの家々に囲まれキュフホイザーの東にはマルティン・ルッターの町（アイスレーベン）、ゲーテの町（ワイマール）もあってドイツの歴史を感じるからだ。そのうえ風景そのものが素晴らしい。森と峰と深い谷とが交互に現れ、どの丘からも美しいパノラマが開ける。散在する村々を訪れると日ごろの苦労を忘れて、牧歌的風景に浸ることができる。

　しかしこの小さな村々の歴史を紐解いてみると、とても牧歌的とはいえない。やせた土地と厳しい気候での農業は過酷をきわめ常に貧困に喘いできた。しかし近代工業化時代になって状況が変化した。すでにドイツ帝国成立前に連邦はそれぞれ鉄道網で結ばれたが、このときライネフェルデに最初の幸運が訪れた。1867年になってカッセル・ハレ・ライプツィッヒ線とゲッティンゲン・ミュールハウゼン・エアフルト線がここで交わることになった。それまでの寒村がアイヒスフェルト郡を物産集散地に伸し上げた。このとき毛皮や腸詰用皮膜の取引も発展したという。

　1920年代末の世界恐慌までには、約60の中小企業が立地して、葉巻、有名なマスタード、あるいは毛皮を使うクラフト製品なども出揃っている。中小企業の経済は村の性格を変えて、小都市的な雰囲気さえかもし出した。

　とはいえ、威厳あるネオゴシック教会（1886年）や近代建築デザインの郵便局（1900年）を加えても、アイヒスフェルト郡で先行したヴォルビスやハイリゲンシュタット（クア保養地）にはかなわず、20世紀半ばまでは駅だけが大きい田舎町だった。

左：牛車とテキスタイルコンビナート、1969年
右下：最初の工場のコンクリート梁の組立て作業
右上：最初の工場の内部風景

工業化のシンボル

　第二次大戦の終結でアイヒスフェルトも急変する。国が東西に分かれ"ドイツのど真ん中"が"端っこ"になってしまったのだ。すぐそこに"鉄のカーテン"ができ、そのカーテンは名のとおり冷徹なものだった。ヴォルビスやハイリゲンシュタットは"国境地帯"なので"特別警戒態勢"がとられ、近隣大都市のゲッティンゲン、カッセルへの経路は完全に閉鎖された。東ドイツは、近代社会主義社会を目指した"5ヵ年計画"を策定、北海からオーデル川沿い、炭田のある内陸部のラウジッツ地方、化学工業はハレと、東部方面へ工業化を進めた。このとき、西ドイツに近いテューリンゲン州北西地域は再び片田舎に戻る危機に陥った。

　しかし、カトリックが深く根付くこの地方の近代化は、進歩主義信奉の東ドイツ政府から急務のこととみなされ、特別振興措置が取られることとなる。1959年に政府は"ヴォルビス・ハイリゲンシュタットの経済・文化振興計画"（通称"ア

イヒスフェルト計画"を決定し、膨大な国家支出が与えられることになった。"端っこに追いやられた地"に"進歩の恩恵"が与えられることになった。他州から労働力の移動が必要になるが、それは単に近代的工場での労働ばかりが期待されたのではなく、アイヒスフェルトの文化と日常を支配する"カビの生えた教会影響力"をそぐことも意図された。

　この計画には、東ドイツ政府の野心的方針が顕著だ。国家の工業化政策とイデオロギーに基づく社会システム構築が、他に例がないほど明確に連動している。国家の構造改革計画が、従来の単なる工業振興だけでなく、様々な生活分野にもおよんでいるのだ。道路建設が進み、新たに組織した農業組合に近代技術が導入される。"時代遅れの文化"の克服のためには、小集落にまで幼稚園、スポーツ施設、文化会館や図書館を作り、映画を上映する。工業基地の整備では、近くのカリ鉱山が活気を呈し、ドイナにセメント工場、ハイリゲンシュタットにファスナー工場、ニーダーオルシェルにベニア板工場がつくられる。

　このとき"アイヒスフェルト計画"の"看板舞台"にライネフェルデが選ばれたのだ。1961年にヨーロッパ最大の紡績工場が建設され、かつての寒村が一大テキスタイル産業基地へと変貌する。ただ平坦な農地に、突然労働者6,000人の工場が建設され1964年に操業が始まる。このとき、女性の交代制勤務も始まり、地域のライフスタイルに根本的変化が起こる。

　ヨーロッパ東西を問わず導入されたテキスタイル製造機械は、当時世界でもトップレベルの最新型だった。この最新機器を入れる工場を建築技術の実験の場にする試みも生

まれた。ドレスデンの"工業施設特殊開発公社"が設計した工場は、生産ラインだけでなく、倉庫・オフィス施設や、従業員ホールなどを大屋根の下にまとめたものだ。その規模は、24ｍスパンのコンクリート梁が12本も連続するという建築構造技術への挑戦である。建築デザインの面では、幅480ｍ、長さ200ｍの巨大な直方体が、ライネフェルデの美しい景観を破壊しないようデザインのアセスメントも行われた。

　建築家・建築技術者の総合判断で大屋根案ができたのだ。たしかに当時、この規模の工場は世界的にも例がなかった。"未来派デザイン"の、きらきら輝くアルミ・パネル外壁の"ビッグボックス"には窓もトップライトもない。内部は蛍光灯で完全空調のスペースにどこまでも機械が整然と並ぶ。国際的に注目されたのは、建築家W.フロムダーの屋根で、30から50cmの水を溜め、屋根構造を守りながら暑い夏には工場内の過熱を防ぐものだ。

　1974年には"半オートメーション絹糸テキスタイル工場"が同じ規模で増築された。これも"ボックス"状で、現場で部材を組み立てる方式で造られた。屋根部材には"ベルリンシステム"の鋼管トラスが選ばれ大屋根の軽量化が計られた。80年代には第三期の工場が開設され、ベルリンの壁の崩壊時には4棟目が工事中だったのである。

　こうした巨大工場群が立地して、ライネフェルデは近代化過程の"化身"となる。本来の"持てる力"を集中し、近代の生産システムを駆使すれば、"伝統的田舎"の"まち"であっても"世界"へ羽ばたくことができることが理解された。この"まち"は、他のヨーロッパ諸都市が半世紀かけた"まち"の近代化を数年の間に成し遂げたのである。

南地区 ── 職場に隣接した生活

　ライネフェルデはテキスタイル産業基地として名を上げたが、労働力は女性中心であったのでその家族ために多量の

左上：守衛所と時計台を持つテキスタイルコンビナートのメインゲート、1965年
左下：ヨハン・セバスチャン・バッハ通りの北への眺め、1980年
右：現在のボニファティウス広場、1993年の状態

住宅建設が行われた。これが、それほど評判にならなかったのは、当時の東ドイツ政府は至るところに大規模ベッドタウンの建設を進め、ライネフェルデ南ニュータウンは平均的な規模に過ぎなかったからだ。高層棟や目立つ建物があるわけではないし、74年にできた大型プレハブ部品を使った市民ホールでさえ評判にならなかった。つまり"党の社会政策プログラム"に対応する優れた建築デザインは何もなかったのだ。魅力的なランドスケープの傾斜地にも紋切り型の規格アパートが立ち並び、都市空間デザインの工夫がない。建設を管轄したノルドハウゼン・コンビナートは、不足する予算の中、工期内にできるよう"標準設計"で間に合わせたのだ。

それでも建設時期によっては住居タイプの違いがあり、住棟の配置もエリア空間の分節による近隣関係の形成を意図したことが、専門家の目にはわかる。駅から南地区に向かうと、建設時期による違いが見て取れる。駅に近いところは、隣棟間隔が広い古いタイプだ。旧市街と現在のコンラッド・マルティン通りに挟まれた辺りには大型パネル工法に切妻屋根の乗る住棟が建つ。その少し南、市民ホールの辺りではすでに60年代の陸屋根だ。さらになだらかな斜面を南へ下ると、70年代にできたWBS70型コンクリートパネルの住棟が見えてくる。80年代の変化は建物階数にあらわれる。南地区の端部に建てられた棟は6階建てになっている。

こうしたパネル工法の住棟の最後のものは1990年に完成する。南ニュータウンの活性化の目玉として計画されて施設や中央の広場に建つはずだった立派なホテル、公園など外構施設は、工期と予算の制約により1つとして実現されなかった。それらは常に工期の最終段階に計画され、いつも次工期に先送りされたのだ。

ただ1つ、"社会主義的ベッドタウン"の意図と規範に逆らって、ライネフェルデ住民が自分たちの力で獲得したのがカトリックのボニファティウス教会だ。1988年の着工で、

西ドイツ信仰青年団が出資した。エアフルト司教座庁の建築家ルカセックとシュタダーマンの設計した教区公会堂は70年代の"西ドイツの建築スタイル"を余すところなく伝えてベッドタウンの丘に屹立したのだ。

アイヒスフェルト郡にとって、これは全く違う形での勝利を意味している。ライネフェルデは、"無神論の東ドイツ"がこれまで西側の金を使って建てたものなどとてもおよばない規模の教会を新築してしまったからだ。

東ドイツのベッドタウンの歴史を振り返ると、多くの優れた都市計画を生んでいる。シュヴェート、ハレ・ニュータウンやロストック・シュマールなどは国際的にも注目を集めた。東ドイツ初期50年代に開発されたニュータウン・アイゼンヒュッテンシュタットでは、3つの街区を含むエリアが歴史遺産の指定を受けるほどだ。それらに比べれば、ライネフェルデ南ニュータウンには都市計画的特色がない。本当につまらない場所なのだが、ここでも20世紀に建設されたニュータウンの本質と運命が、いろいろな観点から見て取れる。今、歴史的な距離を置いてみれば、製図板上で練られたコンセプトが狙った生活がはっきりと見えてくる。それは、現在ではほとんど想像できなくなった巨大産業の仕事のリズムと進歩発展のイメージや福祉厚生の理想が支える生活なのだ。

ベッドタウンを工場に"付随する物"と呼んで蔑むわけではない。むしろ労働と生活は、多くの日常的機能を通して分かちがたく結びついていた。工場は従業員の欲求に対し出費を惜しまず、社員食堂、休憩時間の各種サービスや就業時間内の医療サービスなどは当然のこととみなされていた。工場内のスポーツクラブ、図書館、8ミリ映画など各

種のサークル活動、劇団や子どもの合唱団、などが余暇の楽しみのために組織された。工場組織内の敷地でできない場合はスポンサーとして町の各種催しや文化施設への資金援助を惜しまなかった。その意味でも、ライネフェルデにとって"テキスタイル生産プラント"は単に賃金を稼ぐためだけのものではなく、年齢層に合った文化施設や、いろいろな社会的欲求に応えるソーシャルワーカーの役目も果たした。南ニュータウンの開発の際にも工場と"まち"が緊密に結びつくのが一目でわかるような計画が求められ、そのための解決法が見出された。

たとえば、町の中央広場と工場の正門は"勤労都市の鼓動が響く"軸線で結ばれ、その相互の重要な関係が演出された。誰もがライネフェルデ市民である工場労働者達は、朝夕、勤務の交替時にこの軸線上で顔を合わせていたのだ。かつての市民が中心広場の噴水でいつも顔を合わせていたと同様かどうかはともかく、計画ではそうなっていたのである。

工場のゲートから見たベッドタウンの中心、
紡績工場管理棟から市民ホールの敷地のある中央広場への眺め、
前景の建物はショッピングセンター"セントラ"、1973年8月

　さらに未来志向のコミュニティでは、合理性や効率の良さや時間の無駄のなさが重視された。そのため工場から家までの道は、最短距離とし、ついでに買い物もできるのが良しとされた。そこで"セントラ・ショッピングモール"のシンボルは、工場ゲートの時計付きモニュメントを60年代風の"変革ルック"にアレンジして造られた。

　南地区の当初の計画は、絶え間ない紡績コンビナートの拡張に伴う人口の急増で変更を強いられ、工期ごとに変化する。1960年代初め、ライネフェルデの人口は2,500人（そのうち2,000人がカトリック教徒）に過ぎなかったが60年代末には6,000人を超えた。1969年に市制がしかれた後も人口は増え続け、1986年には16,500人となり、当時の担当設計事務所が最後に制作した南ニュータウン計画では、人口19,000人を前提としていた。

　東ドイツが消滅するや否や、この成長予想は何の意味も持たなくなった。ドイツ連邦共和国に編入された時点から、紡績コンビナートは順次消滅し、"まち"にとっての最大雇用者を失ってライネフェルデは一大危機を迎える。

　かつて彗星のような登場を可能にした経済・産業の単一構造が、今では重大な欠陥だと認めざるを得なくなってしまったのだ。その後のわずかな期間に4,000人もの人々が"まち"から去っていった。

　"壁の崩壊"から10年経った2000年9月、ハンブルグの週刊誌"ディー・ツァイト"は、"掘り尽くした金鉱には仕事がなくなり、ゴールドラッシュ時の住宅群だけが残る町"と題した暗い記事を載せたのである。

多くのことが何人かのプレイヤーに任されて
うまく機能してきたのが現状である。
今後ともこれを"後継者"が続けていけるのかどうかを注視したい。

ベルント・フンガー、都市計画家・社会学博士、ベルリン在住

職を探して放浪しなければならないのは、大抵の人々には大変つらいことだ。
彼らには家族と一緒に生活できる場所つまり"故郷"が必要だ。
マルクス・ハンペル、ボニファティウス教区の前牧師

人口を 8,000 人から 10,000 人の間で安定できればと考えている。
それ以下になると、既存の維持・運営費の面では、
エネルギーや交通のインフラが機能しなくなるので、大問題になる。
10 年前の転出者が次第に戻りつつあることがわかって、少し安心している。
ローラント・ゼンフト、市建設局部長

一途な"愛郷者"である市長の押しの力の方が、
抜け目ない行政手法よりずっと効果を発揮したのだと思う。
市長は、その力で既存の法的枠組みにある"裁量の余地"を見つけ出したのだ。
オラーフ・ラングロッツ、テューリンゲン州建設交通省部長

南地区の住民の大多数は、ここで生まれた人々なのに、
旧市街の住民は自分達こそ本当のライネフェルデ市民だと思っている。
これが変化するには、もう一世代が必要ではないか？
ローラント・ゼンフト、市建設局部長

どの時点どんな場合であっても、
ライネフェルデに特別な"恩恵"が与えられたことはない。
オラーフ・ラングロッツ、テューリンゲン州建設交通省部長

この"まち"には、苦しくても"チャンスと未来"がある。
その"実現のための努力"が常に市民に伝わっていたことが効果的だった。
そして誰でもそれを信じられる"実際の施策"が進められてきた。
オラーフ・ラングロッツ、テューリンゲン州建設交通省部長

町や地域全体に散らばったあまり目立たないか、
ほとんど目に付かない"改装"や"改修"の意味が、
"都市改造"の中で埋もれてしまってはならない。
イリス・ロイター、都市計画家・博士、ライプツィッヒ在住

できるだけ住民の声を聴くようにした方が良い。
生粋のアイヒスフェルト人や紡績工場で働いた年金生活者、
そして冷戦終結後に転入したドイツ系ロシア人が、改装後の住宅で何を経験し、
どんな印象を持っているかを、我々は知っているだろうか？
イリス・ロイター、都市計画家・博士、ライプツィッヒ在住

減築で、3.8 ヘクタールが更地になった。
土地税の軽減を申請したが、もちろんゼロにはならない。
道路などにかかる経費も使用者割当てにはできないし、こちらの負担となる。
パウル・シュミット、住宅組合代表

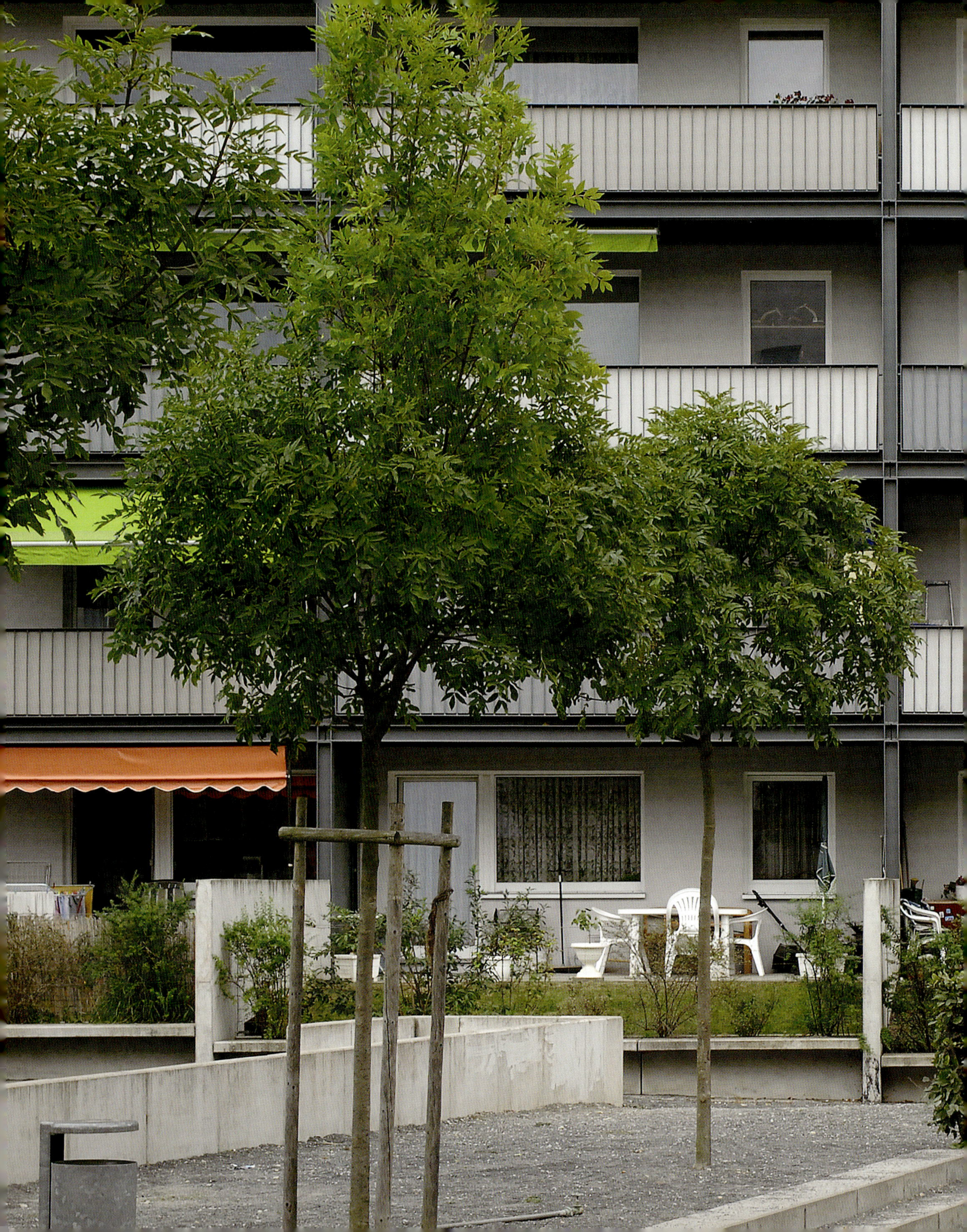

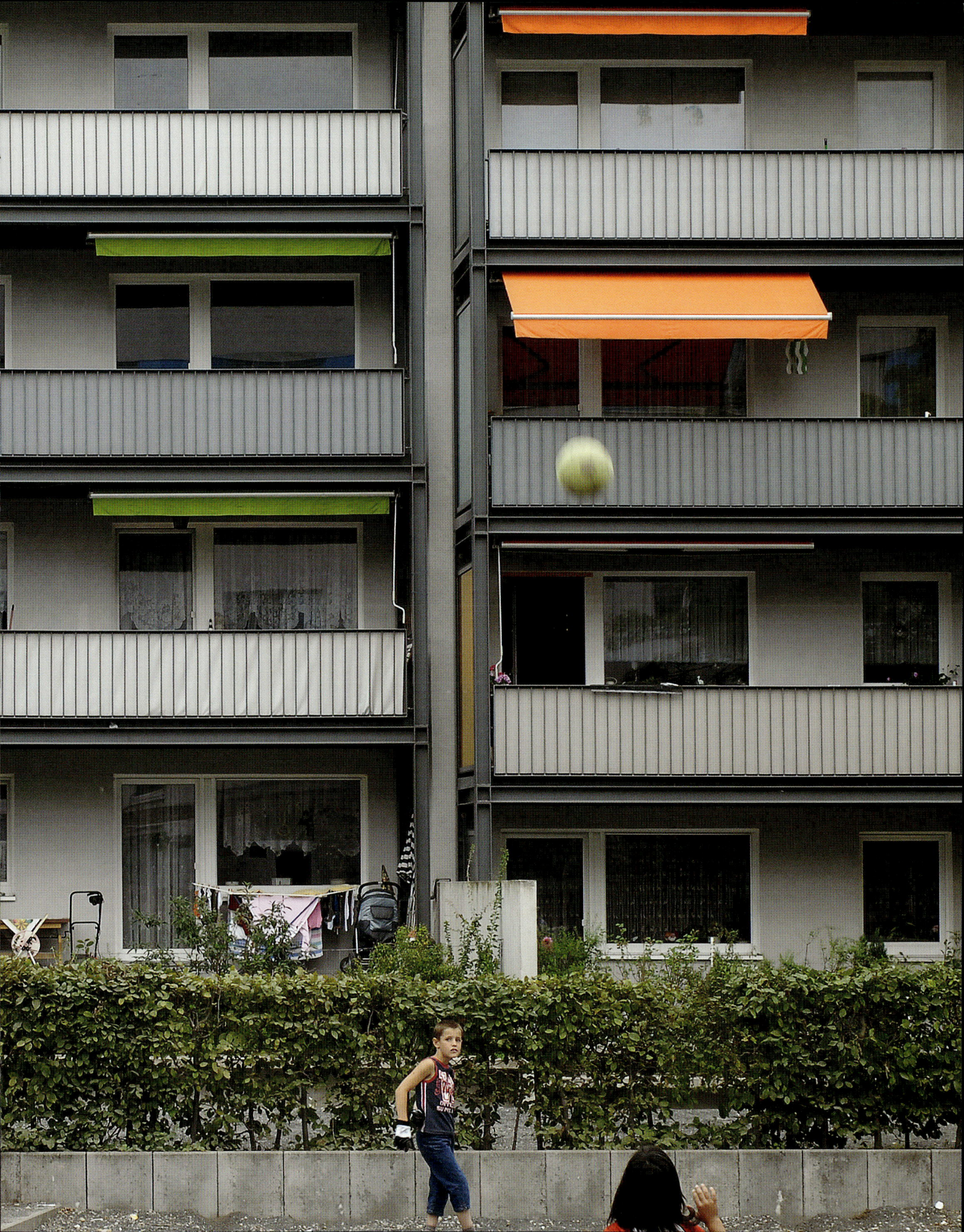

若い世代は自分の"まち"に良い印象を抱いている。
大多数はライネフェルデに住み続けたいと言っている。
ただし、ここで専門教育が受けられ、仕事に就けることが前提だ。
ペトラ・フランケ、エリア・マネージャー、南地区オフィス主幹

信用金庫の建物は2年間空き家だった。
我々は、住宅組合に入るよう働きかけたし、
ボニファティウス広場の青少年クラブが空室になったときには
"セカンドハンド・ショップ"を見付けて斡旋した。
こうした"地域活性化"の試みを今後も続けていかねばならない。
とにかく南地区の購買力はそれほどではないのだ。

ローラント・ゼンフト、市建設局部長

以前南地区が"ゲットー"だった事実はまだ頭に少し残っているのは間違いない。
金のある者は旧市街に住みたがる。
ここの幼稚園児の 80％は青少年局の補助金で通っている。
私は牧師であると同時にソーシャルワーカーの役割を務めているというわけだ。
マルクス・ハンペル、ボニファティウス教区の前牧師

住宅組合保有の住宅ではテラスに"家賃"はかからない。
このテラスは住民が植栽の手入れをしてよい場所で、
契約上は高さ1.2 m以上になる木を植えないことにしている。
バウル・シュミット、住宅組合代表

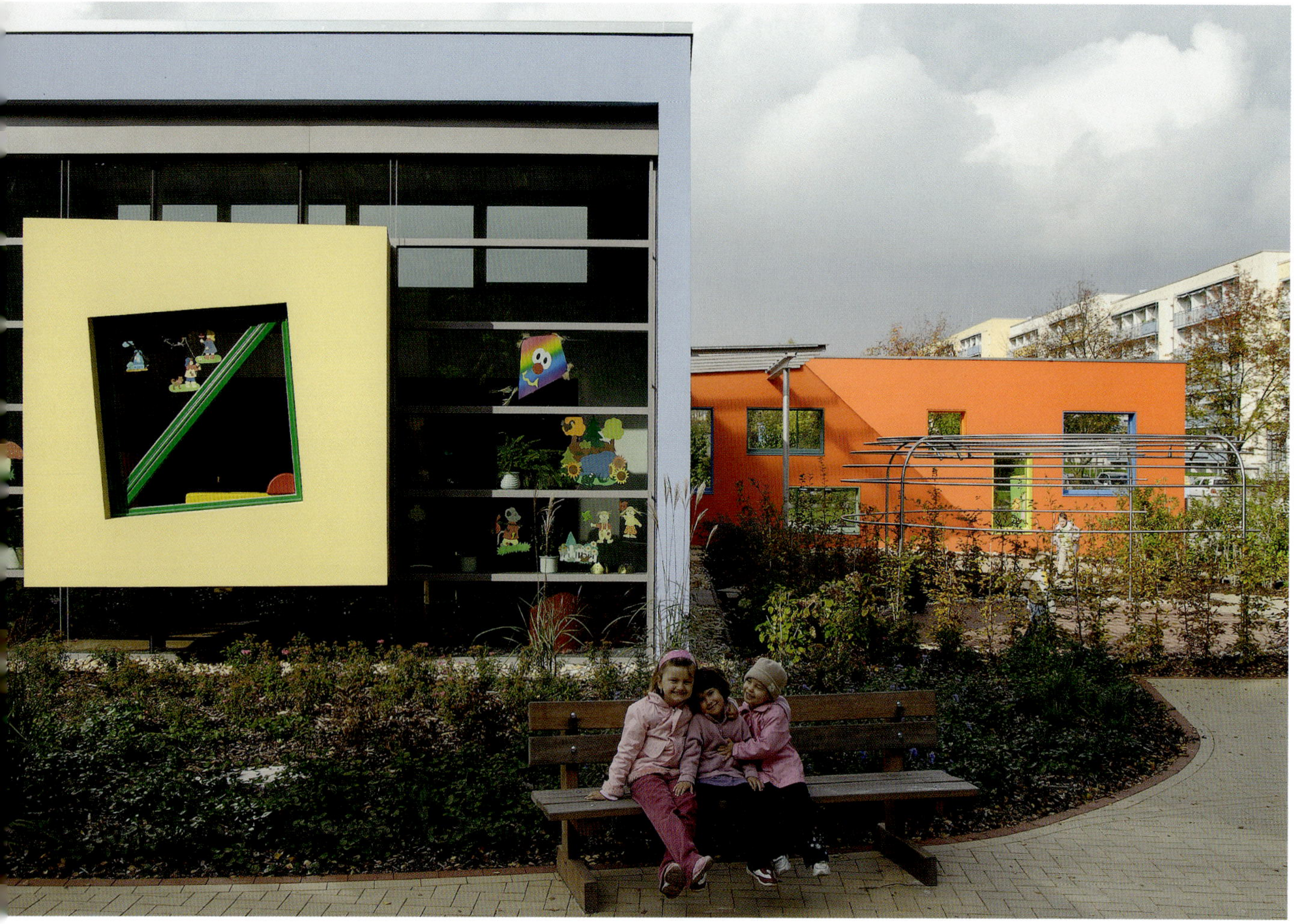

"まちの再生"という大冒険

　1990年代の"社会変革"の中でライネフェルデは2つの特性の際立つ"まち"だった。

　1つはドイツ全土でも最低という平均年齢25歳の住民であり、これは職を求めた人々のために住宅や育児施設が充実していた結果である。2つ目は市域の住宅の90％がいわゆるパネル工法住宅団地だったことだ。旧市街との関わりを見ると、ここほどニュータウン開発に都合良く市街を拡大できた例はどこにもなかった。"村"とも呼べる人口2,500人の旧市街と14,000人のニュータウンが対峙しているのである。

　旧東ドイツ時代の新工業都市であったヴォルフェン・ノルトやシュウェートあるいはホイヤースヴェルデと同様、ライネフェルデもベルリンの壁の崩壊後の社会変革の大波をもろに受け、存亡の危機に直面した。問題は1991年に閉鎖されたテキスタイル工場だけではなく、周辺の町や村にまでおよんでいた。カリ鉱山は閉山し、様々な事業所が合理化され、従業員の解雇が相次いだ。アイヒスフェルトでは4分の3以上の職場が消滅し、"近代化の旗艦・ライネフェルデ"は元の寒村に戻る危機に瀕していたのだ。

　ライネフェルデの南ニュータウンの歴史をさかのぼると、この一大社会変革の一部始終がわかる。失業の発生した時点で、この地に十分には根を生やしてなかった人々は早々と転出した。先行きの安定収入を見込める住民の場合は、広い敷地に戸建住宅を建てて移り住んだ。周辺の牧歌的な村落に住宅用地はいくらもあったし、連邦の持ち家建設補助も渡りに船だった。

　住宅会社は組織のリニューアル、債務の処理や民営化への条件整備にかかりきりになった。そのため公共用地は放置され、急増するマイカーに次々と占拠されていった。このとき急増した小売業は、住宅地の密度や変化に対応すべく確保された宅地内部ではなく、外部に建設されたショッピングセンターに移っていった。

　計画経済が終わりを告げて新時代になったとき、住民にはパネル工法住宅の欠点とお仕着せからの開放以外にはあまり考えることはなかった。この社会変革の結果全てが混乱を起こしていた。1990年の初旬にライネフェルデ市は"再出発"のために南ニュータウン開発の完成を目指す"外部空間の高密度化"コンペを開催した。それはさらなる開発を目指すもので、灰色で退屈なパネル工法住宅群をバラエティーに富むよう転換しよう、曲面の屋根や丸窓・出窓を加えて光あふれるパビリオンを作ろう、といった課題内容のものだった。

　西ドイツの専門家や建築家そして政治顧問たちは、西ドイツの大規模住宅団地での経験をそのまま東ドイツの生活空間に持ち込もうとした。社会が低迷する危機を指摘して、パネル住宅団地の荒涼とした風景と共に個性のない住宅を嘆いたものである。

　80年代の西ドイツにおける都市論議の方向転換が、この際、致命的な影響を与えてしまった。それは、当時世界中で破綻した近代都市計画の治癒のため、19世紀後半の開発事例にそのモデルを探そうとするものだった。生活感覚と住環境が高度に多様化すると思われる将来の社会へ向けては"近代前期のニュータウン"が参考になると考えたわけである。

　旧東ドイツのニュータウンのスラム化という一般の予測を裏付ける"下降への悪循環"が90年代半ばのライネフェ

フィジカー街区の建物撤去

ハーン通り 22–40

撤去面積：5,484 ㎡
撤去費：179,000 Eur
平米単価：32 Eur

ハーン通り 19

撤去面積：662 ㎡
撤去費＊：89,500 Eur
平米単価：135 Eur

＊安全対策費を含む

街区の空間利用密度を下げるために、街区内部のハーン通りに面する1棟と南東のヘルシェル通り36から61の2住棟が撤去された。外来労働者宿舎だったハーン通りの"ホテル・アム・シュタディオン"も"空き家"のままだったので取り壊された。ヘルツ通りの2つの住棟の隙間は、"庇"でつないで"高いゲート"とした。この"ゲート"を南地区の中心軸が貫くようになり、そこを抜けるとフィジカー街区全体への眺望が開ける。

都市改造直前のフィジカー街区、1994年の航空写真、赤の囲みが撤去物件

ヘルシェル通り36-61

撤去面積：6,142 ㎡
撤去費：240,000 Eur
平米単価：39 Eur

ルデにも見ることができる。これまでのライネフェルデにおけるニュータウンの"センター性"が脅かされ始めていた。増え続ける空き家に、残された住民や大家は困惑をつのらせた。長期の空き家の窓は投石や落書きの格好の標的となり、さらに転出を促した。空き家化した住居が西側に流れてきた多数のドイツ系ロシア人家族に提供されたために、双方の青年グループ間のいがみ合いも発生して社会的緊張が高まった。"パネル住宅"は"ゲットー"と呼ばれるまでになっていた。

市役所が1994年に実施した転出希望者調査では、14.4％が家賃が高すぎる、11％が持ち家を希望する、5.3％が新しい職場の方へ、という理由を挙げ、さらに26％、つまり4人に1人がゲットー化した南地区から脱出したい、であった。

外壁をカラフルに塗りたてて不愉快な"パネル住宅"のイメージチェンジを図る初期のリニューアルでは転出する住民を留められなかった。一方で公営住宅を"持ち越し債務援助法"で私有化させる試みもそれほどうまくは進まない。経験不足だったために、旧市街に近くて人気のある物件を、最初に手放してしまうこともあった。この分だけで、買い手が住宅として使うような需要を、集合住宅を中心にほぼ使い切ってしまったほどだ。

持ち家を建てる住民がともかく他町村に転出しないよう、市はその所有地を戸建住宅用地に指定し、その結果、数年の間に市の西部に全く新しい住宅地が形成されて約370世帯がライネフェルデに留まった。これは南ニュータウンでの減少分に相当する量である。

1995年になってケルンの不動産業者オットー・シューマ

フィジカー街区

ヘルツ通り 1-37
ハーン通り 1-60
アインシュタイン通り 2-36

施主：WVL（ライネフェルデ住宅会社）
設計：ペツェート事務所、ミュンヘン
完成年：2001年
住戸数：560戸
延べ床面積：33,000㎡
平米単価：518 Eur
工事費総額：17,101,300 Eur

　この住棟改築では、各住宅でのアクセス、住戸プラン、内装などについて6つのバリエーションを用意した。ほとんどプランを変えないタイプは工費が安く、"雁行"タイプは玄関側にもバルコニーを設け、住戸プランを1戸ごとに東向き、西向きとしたために大きな工事が必要だった。ヘルツ通りとアインシュタイン通りに面する棟の交わる角の部分は、それまでオープンだったが、新たに建物を挿入して"閉じた"。外壁をプロフィリットで囲ったこの建物には、上階の"メゾネット"住宅にアクセスする階段とエレベーターを設置し、新しい住宅4戸と各戸ごとの物置スペースを設けた。地上階では、"オランダ"式に住宅ごとの玄関を新たに設けている。

　これらの住戸タイプの"多様化"は外からもわかるが、中庭から見ると、各建物を大きな屋根がつないでいて、かつての共同生活の理想を象徴する中庭を強調する効果を発揮している。

ッハーがライネフェルデに現れた。街区3つと1棟のアパート、それに閉鎖したホテルを買い占めて大理石風呂や暖炉のあるデラックスマンション1棟とスタンダード・アパートに改修する事業を持ってきた。この奇妙な"開発援助業者"の登場によりライネフェルデは全国紙に掲載されたが、その結果は悲哀に満ちたものになった。各街区に著名音楽家の名前を付け、建物に薄いピンクと青のペンキを塗り、入り口にはギリシャ風ポーチコを加え、破風には派手な色のバッハ、ヘンデル、モーツアルト、リストの石膏像を置くという計画だった。週刊誌・シュピーゲルのインタビューでは「ここの人々はこの音楽家たちの顔や生年月日など知らないだろう……」と述べ、ベートーベン街の大きな建物の妻壁にはベートーベンの肖像まで描かせたのだった。

この"カルチャー・プロジェクト"のためかどうかは不明だが、その直後に彼は破産してしまった。市のマスタープランを考慮するようにと市は辛抱強く説得したが、彼は耳を貸さなかった。この茶番劇のことは市役所は早く忘れてしまいたかった。これについて、ラインハルト市長は、"市にとっての負の教訓"と度々言及している。今になって見れば、この新法制による私有化が失敗したことで、かえって市は助かったと言えるであろう。

ともかく、ほとんどの住宅物件は住宅を管理するライネフェルデ住宅公社（WVL）と住宅組合（LWG）という2組織の所有のまま市の管理下に残った。他の自治体では所有者が多様化し、その利害を調整しきれず都市開発コンセプトが頓挫する例が後を絶たなかったのだが、ライネフェルデでは市議会とプランナーが少数の関係者と密接な話し合いの場を持

49

団地住民センター
ハーン通り2

施主：WVL（ライネフェルデ住宅会社）
設計：ペツェート事務所、ミュンヘン
完成年：2000年
改修前延べ面積：5,484㎡
改修後利用面積：1,142㎡
平米単価：1,064 Eur
工事費総額：1,446,100 Eur

　マスタープラン段階では、フィジカー街区内の住棟2棟は撤去の計画だったが、ここを担当した建築家が、東の住棟は1階部分を残して共同利用施設にすることを提案し、その結果この団地住民センターが生まれた。上の4階分の住宅100戸が撤去されて、残った1階は2つに分けたデザインである。その1つは元の住戸平面をほとんど変えずにオフィス利用に改修し、他は大きなガラス面の"住民集会所（貸しホール）"である。このホールは天井高が3mあり、住宅2戸分をつなげて大改造したものだ。この異なる用途の2つの部分を大きな屋根が1つにまとめ、トップライトが元の階段室の位置を示している。ハーン通りのメインエントランス側にはライネフェルデ住宅会社があり"WVL"のロゴが見える。この中庭には2002年に日本庭園がつくられた。

てたのだ。そのことは、市としての全体利害の調整と迅速に行動する前提となった。まさにそれによってその直後におとずれた岐路、すなわち、"一般専門家の意見に従って名誉ある撤退をかかげて辺鄙な勤勉・節約の小村として歴史から消える道"あるいは"新しい状況に戦いを挑んで紡績工業都市の未来を見出す道"のどちらかの選択のためにも極めて有効に機能したのである。

　ベルリンの壁崩壊後、つかの間の"政治的に約束された好景気"に旧東ドイツ全体が沸いていたころ、ライネフェルデはしっかりと厳しい現実に向かい合った。コンビナートと共に開発されはしたが、今や急坂を転げ落ち始めベッドタウン化するのが死活問題となった。

　そのとき、1945年ライネフェルデ生まれで1990年に市長に就任したゲアト・ラインハルトは、選挙民の声を「我々は投降しない」と理解したのだ。

　1992年になって旧東ドイツ各州と連邦政府による都市再生特別措置"大規模ニュータウン再開発"援助プログラムが施行された。その援助資金獲得のために各自治体は"都市開発マスタープラン"を提出することになった。

　ライネフェルデもこのプログラムに参加するため、1993年にマスタープランの作成をダルムシュタットのGRAS事務所に委託する。GRASは1973年に西ドイツのダルムシュタットに結成されたプランナー事務所で、すでにドレスデンに支部を置いていた。さらに1998年には本部をそこに移している。

　代表のヘルマン・シュトレープは海外経験が豊富で、東ドイツでもバード・ザルツィンゲンやゲーラの住宅団地を経験していた。市が意図して"西側プランナー"を選んだのは、

レッシング通り10-32

施主：LWG（ライネフェルデ住宅組合）
設計：S. フォルスター、フランクフルト
完成年：1999年
住戸数：120戸
延べ床面積：8,527㎡
平米単価：584 Eur
工事費総額：4,975,778 Eur

ここでは、元の住宅プランはほとんど変えていない。ただ居住空間の拡張のために、庭の側にバルコニー・スペースを増築した。玄関は道路側のレンガ造りの"基壇"上にあり、公共道路空間と私的領域の新しい関係を試みている。ある程度クローズド雰囲気の庭（"緑の部屋"）によって玄関付近のプライベート領域を拡大し、庭側にも、刈り込みで区切った私的な庭を設けている。

旧東ドイツ独自の課題に先入観を持たずに対処してほしいと考えたからだ。GRASはすぐに全ての関係者と緊密なコンタクトを取り、1995年にはマスタープランを完成させている。

その中で、南ニュータウンを"普通の住宅地"に再生するために旧市街とのつながりを強化し、住宅の画一的な形態と機能を打破し、さらに職・住の混在を進めて、多様な住環境と都市空間を創出すること、都市のスケールに合ったインフラを整備することを提案した。

この計画のほとんど革命的とも言えるのは、目前の状況の分析の仕方にある。それまでのプランナーなら薔薇色の未来像を描くところだが、このプランナーは全ての希望的観測を否定した。「家族構成の変化による所帯数の増加や1人当り居住面積増を考慮したとしても南ニュータウンでは多量の住宅が不必要になる。空き家、低所得者、失業者の増加によって棲み分けが進むはずだ。街区単位の大規模な減築、撤去が避けられない」「"まち"の安定は、現在を大きく下回る人口水準になって初めて得られるのは明らかで、その水準を考慮した都市計画が必要だ」こうした"乾いた専門用語"を使ってタブーを破ったのである。

GRASのプランナーたちは、南地区の住居の約半数が中期的、長期的に不必要になると考えて"マイナスをプラスに転換する"ことを最重要課題と設定した。

2000年前後になってもドイツ国内では"都市の縮退"は都市計画の議論ではタブー視されていたのだ。そんな中ライネフェルデでは1995年に"縮退"に対応した計画が始まったのだ。しかし、これに取り組むにはどうするのか？ 前例や経験の蓄積はどこにもない。関連法も補助金などさらにな

53

ビュフナー通り18-40

施主：LWG（ライネフェルデ住宅組合）
設計：S. フォルスター、フランクフルト

第1工区	第2工区
完成年：1999年	完成年：2001年
住戸数：64戸	住戸数：32戸
延べ床面積：4,381㎡	延べ床面積：2,272㎡
平米単価：722 Eur	平米単価：704 Eur
工事費総額：3,164,900 Eur	工事費総額：1,839,100 Eur

　2つの住棟がビュフナー通りの東と南にあってブロックを形成している。エレベーターのない6階建て建物の上階部分には借り手が付かないので、上層2階分を減築した。1つの階段室を8世帯だけが共用するので、住戸の間取りもオープンで時代の要求に合うタイプに変更した。大きく張り出したバルコニーを設けたので、上階でも屋外生活が楽しめる。庭側のファサードはバルコニーと"張り出し屋根"で活気のある表情を見せている。地上階のレンガ壁で囲むスペースをプライベートな庭とするため、ボニファティウス広場に向かって傾斜する敷地を造成した。そのパーゴラの乗るレンガの擁壁が、この広場に都会的雰囲気をかもし出している。

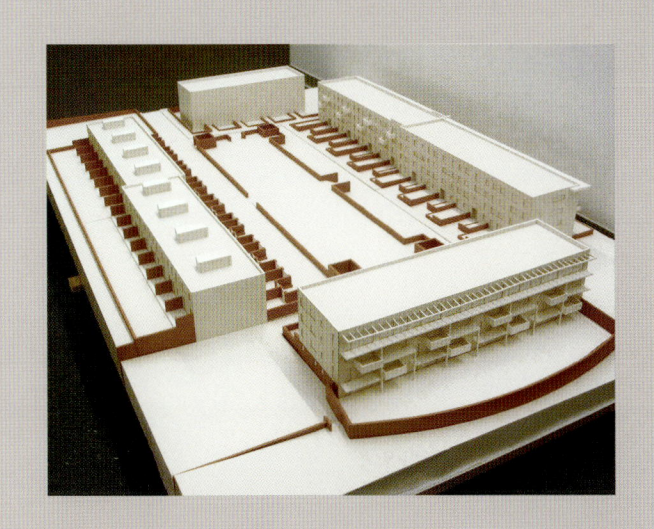

かったのである。

　これは一大冒険だったが、市長は市議会に圧力をかけて後々拘束力を持つことになる法案を議決させた。"まち"の縮退を最も効果的に進めるには、まずどの部分が不必要で、どこを残すべきかを決めなければならない。"縮小"は外側から中へという合意は早い時期に形成され、次に具体的にどこを壊すかの議論が集中的に進められた。

　シュトレーブ氏は、縮小するニュータウンの空間と機能の安定化のために、地区を貫く2本の都市軸を提案した。自転車や歩行者のための北側の駅から市民ホールを通り"南地区へのゲート"を抜けてフィジガー街区に入り、そこから右に曲がって教会に面するボニファティウス広場へと続く店舗や飲食店が集まる活気ある中央軸と、それと斜めに走る軸だ。この方の軸は南北方向の広いグリーンベルトで、高密度な住宅地の風通しや住居から丘の広がる南への眺望を得られるようにして"ガーデンシティ"の雰囲気をかもし出す。もちろんこの計画は、この2つの軸に触れない街区や住棟は"リストラエリア"になることを意味している。そこでは間違った投資で改修されたり、計画を混乱させる事例を防ぐために一切の資本投下が禁止され、数百戸の住宅が撤去されるという計画である。

　先の見えないこのシナリオでは、住宅管理組織との衝突は避けられなかった。特に、間違いなく撤去の対象となる南縁と西の端の街区に多くの住宅を持つ住宅組合（LWG）が厳しい目を見るのは明らかだった。半官半民の住宅会社（WVL）なら事実上市の支配下にあるので、まだ理解が得やすいが、独立の住宅組合（LWG）との交渉では相当の外交的操作を

"アンネ・フランク"集合住宅
ゲシュビスター・ショル通り

施主：WVL（ライネフェルデ住宅会社）
設計：PALOMA設計共同体＋2事務所
完成年：2002年
住戸数：36戸
延べ床面積：2,683㎡
平米単価：1,104 Eur
工事費総額：3,696,978 Eur＊
＊外構、造成工事を含む

ライネフェルデの旧市街から南地区に入る場所の"中央広場"の一角の7,000の敷地に、4階建ての都市型住宅6棟を、デザイン・コンペティションで選ばれた事務所が建てた。既存の樹木を残し、各住宅から池の眺めを楽しめるよう、各棟を雁行した配置にしている。敷地は均等に分けて、管理責任をはっきりさせた。各棟には1部屋住居から4部屋住居までがあり、その組み合わせで様々な住要求に応えられる。なお、地上階の住居はすべてバリアフリーである。

必要とした。最初のうちかなり抵抗を示したこの 2 つの組織が、都市改造の有力なパートナーとなったのは、公的資金の配分の仕方が良かったからだ。配分に関する決定権は市役所側にあり、住宅会社の代表者にしても最終的には協力する以外手立てはなかったということであろう。

さらに、安定化に向けた戦略としてのマスタープランでは、居住性を高めるための外部空間の分節化をうたっている。それまで大抵の公共空間は道路と中庭のぼんやりしたつながりであるに過ぎず、使用権やメンテナンスの責任も明確でなく荒れ放題になる危険性をはらんでいた。そこで、プライベート（家と前庭）、共用（中庭、遊び場）そして公共（道路）という空間の区分を互いにはっきりさせたのである。道路面積を縮小し、その分前庭などのプライベート部分を拡大するこの方法は、西ドイツの大団地での経験を生かしたものだ。ただそれは、この旧ドイツ民主共和国（東ドイツ）ニュータウンの成立理念を考えると、全く逆方向への動きだった。この団地も、資本主義的都市の土地私有を否定し、平等の住居に住み、外部空間は共有するという理念の基に建設されたことを想起しなければならない。プロジェクトを担当した 2 人の建築家のうち 1 人が、この場所の"ゲニウス・ロキ（土地の霊）"を無視する姿勢に明確な反対を表明したことで、この"土地の私有化"の方向は全面的には採用されなくなった。

都市改造が住民に受け入れられるかどうかは、心理的要素が大きく関わってくる。特定の住居地区を縮小対象に設定するだけなのか、あるいは、縮小にも何らかのチャンスのあることを住民に示すのか、この 2 つには決定的な違いがある。市長もシュトレープも、過激な改造がもたらす住民感情を熟

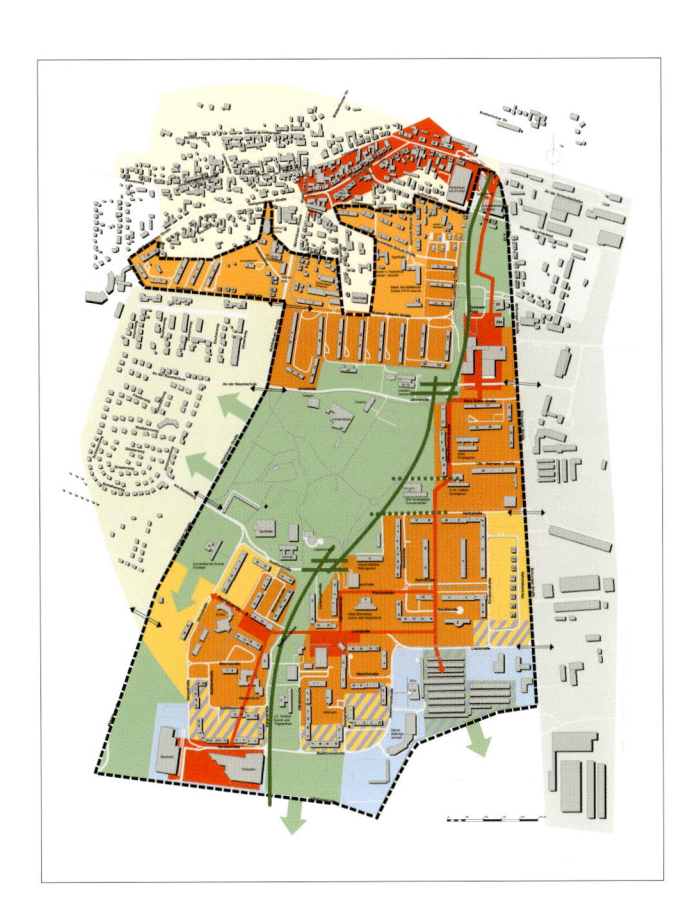

ライネフェルデの都市開発戦略

都市開発の領域と機能
- 計画対象領域
- 旧市街の環境安定エリア
- 融合エリア
- 都市開発の重点エリア
- 持ち家住宅供給のエリア
- ハウジング構造再編のエリア
- 住宅・業務の構造的再編のエリア
- 地域対象の公共施設のエリア
- 中央緑地帯
- 経済活性化の産業エリア
- 商業施設のない住宅地

開発の戦略拠点
- 都市センター
- "都市"軸
- "緑"軸
- 分断エリアの接続点

ビュフナー通り

ビュフナー通り 42-44

施主：LWG（ライネフェルデ住宅組合）
設計：S. フォルスター、フランクフルト
完成年：2003 年
住戸数：20 戸
延べ床面積：1,579㎡
平米単価：848 Eur
工事費総額：1,338,570 Eur

　この建物でも大規模な改築のため、住人は転居を余儀なくされた。玄関は全て庭側に設け、階数は3階だが、その上に屋上テラスと屋家が交互に並ぶ構成である。住宅2つを1戸にするなど、いろいろな住戸プランの検討によって大型住宅の要求に応えている。ランダムな窓や上下にずれたバルコニーからは、元のパネル工法住宅を連想することはできない。

　長い建物を切断して造られた2棟の"パティオ"タイプのテラスハウスには、プライベート外部スペースの多様化がある。壁に囲まれた庭、2階の連続バルコニー、それにルーフガーデンだ。

58

ビュフナー通り 2-16（バティオハウス）

施主：WVL（ライネフェルデ住宅会社）
設計：S. フォルスター、フランクフルト
完成年：2006 年
住戸数：39 戸
延べ床面積：2,679 ㎡
平米単価：900 Eur
工事費総額：2,413,000 Eur

知していて、計画の実施段階ではまず"シグナル効果"のあるプロジェクトから着手している。その第一幕はボニファティウス広場の改修だった。（25 ページ、112 ページ参照）並木道や装飾的テラス壁により雰囲気を一変させて、下の駐車場から上の教会前の堂々とした広場へと広い階段を造ったのである。第二幕は 2000 年開催のハノーバー万博に場外会場として参加することだった。この大胆不敵なアイデアによって、プランナーと市当局とはその後の計画実施過程で"クオリティーの向上にパワーを集中する"ことの効果と共に"世界の目を引きつけ、評価を受けることによる住民意識の転換"の効果を狙ったのだ。2000 年の万博という動かせないタイムリミットと国際的舞台のスポットライトという試練を自らに課して、さらに次の一歩を踏み出した。それは前例のない"都市の縮退"という課題に十分対応できる建築家の選定だった。

　1996 年に実施した"国際コンペティション"によって、ライネフェルデの都市開発の新局面が開かれた。コンペでは 48 社の設計事務所（外国からはオーストリアの 1 事務所のみ）が旧東ドイツのどこにでもあるパネル工法住宅への提案を競い合った。提案はニュータウンの中庭を囲む街区 2 カ所、すなわち WVL 住宅会社所有のフィジカー街区[*1]とほぼ全住宅が LWG に属するディヒター街区の建物を対象とする、

[*1] 旧東ドイツの多くの町では、ベルリンの壁崩壊後、イデオロギー臭いの道路名称を変更した。ライネフェルデでは 1991 年以後、街区ごとにたとえばフィジカー（物理学者）（アインシュタイン、プランク、ガウスなど）や、ディヒター（詩人）（シュトルム、ヘルダー、ハイネなど）、ムジカー（音楽家）（モーツアルト、ヘンデル、バッハなど）の名を付けている。これらの街区名は、市役所とプランナーが非公式に使っていたものが一般化したものである。

ゲーテ通り1-15

施主：WVL（ライネフェルデ住宅会社）
設計：ペツェート事務所、ミュンヘン
完成年：2001年
住戸数：80戸
延べ床面積：5,560㎡
平米単価：492 Eur
工事費総額：2,735,700 Eur

　ゲーテ通りとリスト通りの囲む一画は、住宅の所有が住宅会社と住宅組合に分かれていて、組合所有部分は早い時期にフォルスター事務所が担当して改修している。今回の担当の建築家ペツェートは、街区に統一感が出るよう、独自のやり方で、外壁やバルコニーの鉄骨の色、タイル張りの壁などの以前と同じデザイン・エレメントを使っている。道路に面する側は、前庭が"基壇"を形成し、中庭側の1階の住居の前はテラスのしつらえである。このテラスと共同利用の中庭の境にはコンクリートの花壇があり、中庭の道に沿った"ベンチ"として使える。建物の内部は、住戸プランはそのままで標準的な改装だけが行われた。

減築や撤去による解決法だった。縮小後も残る建物では、住戸平面の多様化、建築設備やエネルギーバランスの改善、そして街区の形状の改良や地上階に店舗やサービス施設の設置などを課題としていた。

　このコンペティションは、テューリンゲン州の他のプレハブ住宅団地の再生にも応用できるシステマティックな"一般解"を求めたのだから、今から見ても実に勇敢なアプローチだった。この住戸プランから都市計画までの幅広い課題は、多くの参加者にとって荷が重すぎた。審査記録を見ると、審査員自身が不確かな課題領域を手探りしているのがわかる。ボンの都市計画家トマス・ジーバーツを委員長とする審査会は、減築や建物を撤去した後のこの"まち"がそもそも"都市"と言えるのか、住宅の散在するただの集合住宅地になってしまうのかについてのコンセンサスさえ持てなかった。この結論の出ない議論はともかく、市としてはコンペティションの結果を尊重せざるを得ない立場にあった。審査会は、ミュンヘンのマイヤー＆スクピン・ペツェート設計事務所とフランクフルトのフォルスター＋シュノール設計事務所[*2]を選び、2提案の実施に即刻取り組むこととなった。

　2事務所のデザインコンセプトには大きな違いがあった。フォルスターのプロジェクトは1998年のレッシング街で始まったが、中庭を囲む北の棟を撤去して一挙に40戸を削減

[*2] コンペティションの後、両方の共同事務所とも解散する。その後の実施設計と工事監理はそれぞれムック・ペツェート氏とシュテファン・フォルスター氏が担当した。したがって以下では、コンペ当時の全体計画には加わったが、実際の作業に関わらなかったパートナーの名前は挙げない。

アーバンヴィラ（8棟）
アインシュタイン通り9-37

施主：WVL（ライネフェルデ住宅会社）
設計：S. フォルスター、フランクフルト
完成年：2004年
住戸数：64戸
延べ床面積：4,200㎡
平米単価：1031 Eur
工事費総額：4,330,439 Eur

　アーバンヴィラは、ライネフェルデ南地区では最も大掛かりな工事で、多額の経費を要した改造プロジェクトである。150戸が入る全長200mもの住棟の最上階を撤去し、7つの階段室とその両側の住戸を撤去した。そのようにして、各々住宅8戸の入る"アーバンヴィラ"8棟をつくった。この8棟は連続する地階部分の"基壇"の上に並んでいる。住宅へのアクセスは西の道路側に変えられて、"ヴィラ"の間の中庭から各住棟に入る。ファサードは、東側の街区の外側に面しては中世都市の壁のように灰色で閉鎖的だが、街区に面する側は明るい黄色で開放的な表情を見せる。
　ランダムに配置されたバルコニーは、実は鉄骨造で仕上を外壁と同じに

したものである。この自由なバルコニー配置の結果、かつての同じ住戸プランの繰り返しではないバラエティーに富んだ間取りが可能になった。20のプラン・バリエーションから、住民によって5タイプの選択が行われてこれが実施された。全ての浴室とキッチンに窓があり、奥行き1.8mのバルコニーによりリビングが戸外に広がっている。道路側をリサイクル材で埋め立てたので、バリアフリーとなり、また、1階の住居にはプライベートな庭も作ることができた。

している。当時は減築はまだ費用がかかり、特別な補助金もなかったので、住宅組合（LWG）は残りの建物の減築案をあきらめざるを得なかった。それでも5階建てのまま残った住棟の最上階の窓周りは違う色でまとめて"屋根部分"を演出し、地上階部分を"基壇"とするデザインによってうまく周りに溶け込ませた。赤レンガの壁で囲まれた前庭は各住戸を道路から十分離すことになり、建物にプライベートな雰囲気をかもし出している。住民が"緑の部屋"と名付けたこの"キューブ"は、スケールアウトではあるが"あずま家"として心を和ます。そのフレームは、レンガの色と共に方形の中庭空間をリズミカルに分節している。住棟の裏側にはメタルのバルコニーが付加されて、地上のテラスと一体となって、無機質なパネル住宅があったことを忘れさせる。

　フィジカー街区担当のペツェートは、全く違うアイデアを持っていた。街区中央の2棟を撤去したうえで、中庭を囲む住棟の屋根を連結して全体としての一体感を形成した。さらに、ヘルツ通りとアインシュタイン通りの角の部分にモダンな建物を加えて閉じている。

　コンペティションでの彼の勝利は、その住戸平面の多様化によるところが大きく、フィジカー街ではそれを5つのタイプにまとめ、それを明確にファサードで表現したことだ。しかし住戸の多様化以上に彼にとって重要だったのは、かつての"社会主義理想"を表現する共同の中庭の強調であった。したがって大掛かりな建物改修の後も、建物は基本的な形を変えていないし、1階の住居にもプライベートな庭はつくっていない。さらに建物の撤去後にできた大きな中庭には、取り壊したパネルを粉砕した砂利を用いた耐久性の高い広い面

63

シュトルム通り14-28

施主：LWG（ライネフェルデ住宅組合）
設計：S. フォルスター、フランクフルト
完成年：2007年
住戸数：36戸
延べ床面積：2,238㎡
平米単価：703 Eur
工事費総額：1,574,000 Eur

　ボニファティウス教会の下の傾斜地にそそり立つ6階建ての住棟は、この広場の整備と向かいの建物の減築改修の終了後は、その無様な姿で特に目立つ存在だった。建物のボリュームを削減するために、垂直と水平の両方向で減築が行われた。4階建てになった建物は、1戸分のルーフテラスの切込みでリズミカルなシルエットを持ち"テラスハウス"とも言える姿に生まれ変わった。

　南側の増築部分は2階がバルコニーになっていて、エントランスと個人の庭にアクセントを与え、テラスハウスらしさをさらに強めている。この部分にレンガを使うことで、隣接する教会の外壁との連続性を意図している。（137ページ参照）1階の住居は高齢者もしくは身障者向けに改造されている。

の無機質な舗装を計画している。しかしそれは南地区住民の我慢の限界を超えていたようで、日本庭園の話が持ち上がったときに、それをすぐ実現した要因にもなった。（しかし現在この庭園は残念ながら柵で囲まれて、小額の献金をしないと入園できない。）

　ライネフェルデの都市改造は、不要な住宅の撤去から始まったが、フィジカー街の中庭の棟を最初に撤去した際に、計画自体が危機にさらされる事態が発生した。経験の少ない建築解体業者が荒っぽい作業でPCパネルの破片を飛び散らせ、周辺の全ての樹木を倒してしまったのだ。見物に集まっていた周辺住民が怒りを爆発させたのは当然で、2番目の建物では、もっと注意深く撤去することとなった。

　ペツェートは、建物の解体から生まれる"廃材"を、ただアウトバーンに敷く砂利に使うだけではもったいない、何かもっと意味のある用途がないものかと考えた。そうした検討の結果、すでに解体の始まっていた2番目の建物では、1階部分だけを残して、団地の共用施設とするアイデアを提案した。最終的には1階と地階を残して、住民の利用する広い集会室と住宅会社の事務所などに使うことになった。かつての住民に対する配慮から建物の基本的な部分は残し、かつての住宅がまざまざと蘇えるデザインとしたわけである。この改築でエレガントでモダンなものに生まれ変わったが、この建物は、かつての住宅棟の厳かな記念碑といえる。こうしたパネル工法住宅への敬意に満ちた取り組みはベルリンの壁の崩壊後のどの都市にも見られなかったし、本来"おまけ"として生まれたこの団地の共用施設がライネフェルデの都市改造を特色付けるものとしてプランナーや都市の専門家そして

65

オーバーアイヒスフェルト・ホール（市民ホール）

中央広場2

施主：ライネフェルデ市
設計（ホール）：AIG事務所、ライネフェルデ
設計（フォワイエ）：S. フォルスター、フランクフルト
完成年：1999年
ホール面積：1,040㎡
工事費総額：2,802,000 Eur

　1974年にコンクリート・プレハブ部材を用いてE. ライプナーグルが建てたこの多目的ホールは、1996年に根本的に改装された。PCシェル部材（シルバークール）が外部に露出する姿はそのままだが、内部の釣り天井は撤去されて、このPCシェルを見せるように仕上げられた。できるだけ多目的に使えるよう、壁面や電気、空調、暖房の設備をリニューアルして、防火、防音設備は現在の水準に合わせ、最新のライティングとサウンドテクニックを導入した操作室が新設された。ホールは3つに区切って学校スポーツに使うこともできれば、様々な文化イベントに対応する椅子の並べ方も可能である。以前のフォワイエ部分では小さな催しも開くことができる。

　建物各部分の新旧に違いが読み取れるよう、材料や色にコントラストがつけられた。"南地区へのゲート"を象徴する大屋根は、フォワイエ改装のコンペティションで提案されたものである。

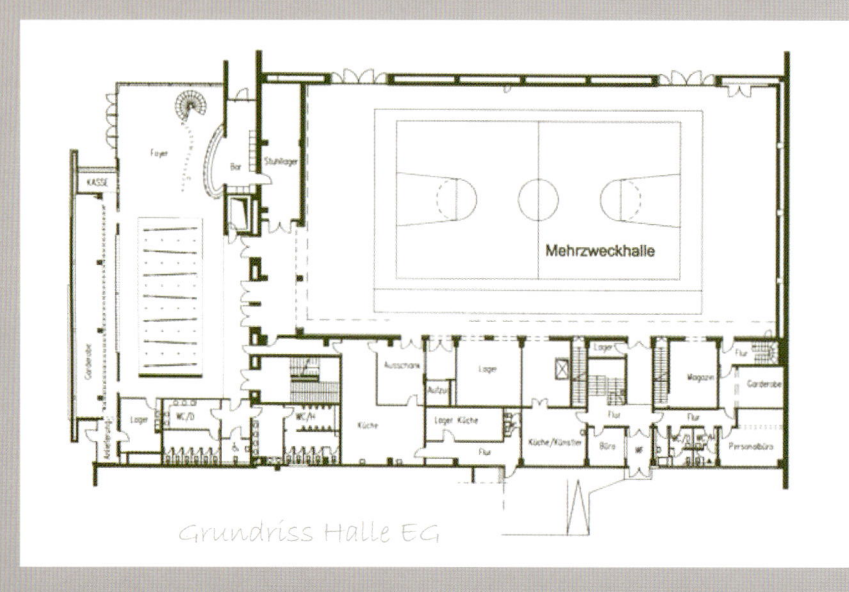

一般の人々の注目を浴びたことは疑いない。

　生まれ変わったフィジカー街は全国紙の記事や万博の報道で圧倒的な喝采を受け、その名がとどろき始めた。それまで懐疑的だった市民も意識を転換し、"都市改造"はライネフェルデにおいて明るい響きを持つようになった。転居を余儀なくされていた南地区の住民達さえ、消えゆく過去を悲しむよりも、新しい"まち"の未来を知りたがるようになった。

　ライネフェルデの都市改造の中で、恐らくフィジカー街区より衝撃的だったのは、フォルスターによる"アーバンヴィラ"というネーミングだ。これはアインシュタイン通りに面した200mにおよぶ住居棟を縦割りにして8棟のポイントハウスにしたものだ。2004年に完成したこのプロジェクトは、パネル工法による長大な建物でも小規模な建物に転換できるという事実を示すもので、勇気を持ってデザインすれば、単調で紋切り型なパネル建築からデラックスなハウジングすら作れることを実証したのだ。それまでフォルスターは、ディヒター街を担当し、そこでは屋上テラス、メゾネット住宅、アトリウムタイプの住宅などをつくっていたが、このアインシュタイン通りでは、全く新しい"都市住宅のかたち"を追求し、立方体の建物が整然と並ぶという解決策に至ったのである。南地区の端に位置するので"まちの壁"と呼ばれることもあるが、むしろライネフェルデの"偉大な都市改造実験のショーケース"と呼ぶ方が良い。

　"アーバンヴィラ"は、道路からの入り口側は黄色に、反対側の丘陵に向かう面は青がかったグレーに塗られた立方体が整然と列を成すものだ。各ヴィラは、かつての住棟基礎部分を基壇としてつながっているものの、その過去は完璧に消

州立職業学校
ゲーテ通り 18

施主：アイヒスフェルト建設局
設計：シューダーマン、ハウゼン
完成年：2000 年
延べ床面積：5,509㎡
平米単価：957 Eur
工事費総額：5,270,000 Eur

"エアフルト・タイプ"と名付けられたパネル工法による既存の校舎は、教室、作業室、実験室、教員室、など職業学校のプログラムにうまく当てはまる大きさだったので、食堂だけを半円のプランで増築した。教室棟の各階には妻側の大きなテラスに続く外廊下が設けられた。それによって、階段室が不要になると同時に、教室を以前の廊下分だけ拡張できた。専門教室棟への連結部分はフォワイエを持つメインエントランスに生まれ変わった。かつてのファサードの名残は縦長の窓に幾分残るが、全体の印象は、強い色のコントラストで全く新しくなっている。

去されている。4面の外壁に不規則に配置された大型バルコニーや大小の開口部ほど、かつて建設コンビナートの考えたモデュールや標準ディテールからかけ離れたものはない。もしも、建築家フォルスターが建物の形を自由に変えることでプレハブアパート建築を葬り去れると考えるなら、それは間違いなのではなかろうか。

ライネフェルデの"アーバンヴィラ"は2004年にはドイツ国内で最も多く発表された作品であり、賞の獲得回数でも傑出したプロジェクトだ。こうした一般の賞賛の裏にパネル工法建物の持つ素晴らしい性能の証明を読み取って喜ぶのは、間違っているのだろうか？ ペツェートの団地住民センターと同じく、極めてモダンなデザインのこの"アーバンヴィラ"でさえ、かすかながら、かつてそこにあった建物の影を見ることができる。パネル工法建築の"生の姿"は今日ではほとんど受け入れがたくなっているが、だからといって全てを放棄するのではなく、このように考えればパネルも受け入れやすいのではないだろうか？

2000年に始まった連邦政府の"旧東ドイツの都市改造"政策を"建物撤去プログラム"としか解釈しなかった多くの自治体を見るとき、不可避な建物撤去と並行して残せる建物の再利用に常に取り組んできたライネフェルデの態度は賞賛に値する。ここでは都市改造は住戸数削減を超える意味を持っているのだ。すなわち"都市を生かす改造"と理解され、だからライネフェルデでは、店舗や事務所、工場などの建物、（特に駅近くの区域）や魅力ある外部空間、幼稚園や学校の改築と新築など大掛かりな"全体整備"に取り組んだのだ。駅前通りはショッピング・ストリートとして姿を一新し、リ

69

社会福祉センター
ヤーン通り12－16

施主：ライネフェルデ市
設計：シュターダーマン、ハウゼン
完成年：2003年
延べ床面積：1,180㎡
工事費総額：1,850,000 Eur

　市の福祉課をはじめ、福祉関係諸組織のオフィスがあるこの建物は、70年代の保育所を改造したものだ。元の建物はほとんど変えず、ただ平行する2棟をつないでいた廊下の代わりに、対称軸を強調した連結棟をつくり、道路側の全面ガラス張り面をメインエントランスとしている。列柱に囲まれた新しいホールは、静かに時を過ごすこともできれば、集会やその他の催しに使うこともできるよう意識的に飾りのない空間としている。保育所だった2棟の外観は変わっていないが、部屋割りは、オフィスなどの主機能は窓側へ、トイレなどは建物内部にというように変更した。

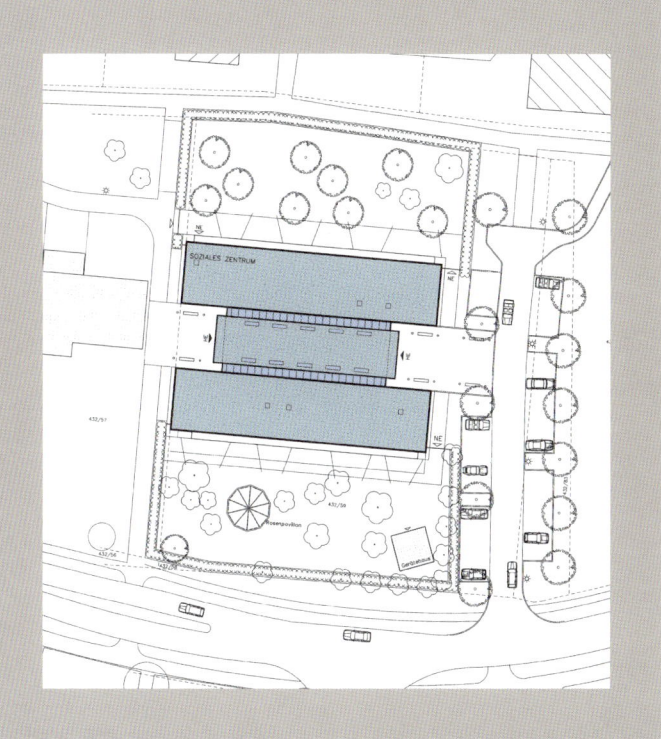

ンガウ通りとフールロット通りの間のエリアは、昔のライネフェルデのロマンチックな雰囲気を取り戻した。ハノーバー万博への参加を追い風として、豪華なスポーツセンター、明確なエコロジー・コンセプトの青少年センター、レクリエーション＋競技用プールの新築など強力なシグナル効果を持つプロジェクトに手が付けられた。

その後の仕事は、改築か再利用のための改装だけとなり、建設局も駅に接した改造された給水塔に移った。老朽化していた多目的ホールは内部も立派に一新され、新しいフォワイエが増築されて"オーバーアイヒスフェルト・ホール"として再生した。

この地方の出身の建築家オトマール・シュターダーマンはPCプレハブの校舎を職業教育センターに改築したが、そのアイデアはテューリンゲン州の"学校再生プログラム"のモデルとなった成功事例である。シュターダーマンはその後、特に幼稚園や保育園の改築に専念し、園児の減少への対応やコンバージョンなどに取り組んでいる。後者の例としては、エレガントな外観の社会福祉センターがある。様々な福祉事業組織のオフィスの面する大きなホールが、かつてパネル工法の2棟の幼稚園に挟まれた中庭だったとはとても気が付かないデザインである。

本稿もそろそろ結論を出さなければならない。

1995年都市計画事務所GRASがマスタープランで南地区の計画的な"縮小"のイメージを示し10年を経た現在、その主要な対策はすべて完了した。住宅地はその端部から内部へ向けて明らかに縮小し、1980年代末の人口14,000人が2006年には約5,700人になった。1,600戸の住居が消滅し、2,002

青少年センター
ゲーテ通り

施主：テューリンゲン州労働局
設計：LOG ID、チュービンゲン
　　　H＋H、ライネフェルデ
完成年：1999年
延べ床面積：1,076㎡
平米単価：932 Eur
工事費総額：1,003,000 Eur

　2階建ての丸い建物には青少年の居室や厨房、そして管理事務室などがあり、丘に半分埋まった形の部分が集会スペースになっている。この建物は省エネを目指して新築されたが、計画には青少年も積極的に参加した。南の大きなガラス面と屋上の太陽電池で太陽エネルギーを集め、冷暖房には地下熱利用のシステムを導入している。熱回収装置を持つ空調設備で、エネルギー消費を最小限に抑えられる。大きなガラス面の内側には熱帯や亜熱帯植物が影を作り、空気中の有害物資を分解しつつ屋内気候を快適化している。外部空間には撤去された建物部材を使い、擁壁やベンチ、階段、舗装材、落書き用の壁などに利用している。

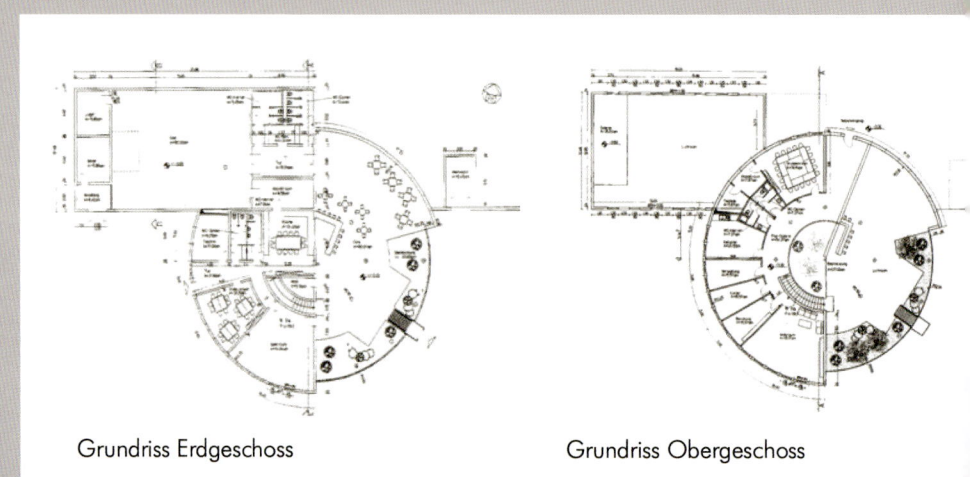

Grundriss Erdgeschoss

Grundriss Obergeschoss

戸を完全リニューアル、878戸を部分リニューアル、そして40戸が新築された。全ての建物撤去、インフラや外構整備に外部投資など全部含めて、1億4,400万ユーロかかったことになる。

　そして"挑戦者たち"の現状は？

　建築家ムック・ペツェートは、フィジカー街区での成功にもかかわらず、次の仕事はたった1件あっただけでライネフェルデとの関わりは終わっている。フォルスターの改築の方が"よりラジカル"と評価されて、住宅組合（LWG）の後、公社（WVL）からも設計依頼が舞い込んだ。それでもシュトルム通りのテラス状に減築したプロジェクトがフォルスターの最後の仕事になった。そしてシュターダーマンにとっても、ゾネンシャイン保育園を最後として、東ドイツ時代の建物を改造して造るような物件はなくなった。

　市長とシュトレープ氏は、ディヒター街区の南にできた空き地に関心を持つ投資家が、本当にその建設案を実現に移すのかどうかに気をもんでいる。住宅組合は事務所を空き家化した信用金庫に移した。そのデザイン過剰の小規模な新築建物が、南ニュータウンの中央で空き家化すればさらに荒廃すると考えたからだ。ライネフェルデ住宅公社（WVL）は2005年からまた黒字になった。彼らの賃貸住宅の4分の1以上が生活保護世帯であり、月々の家賃は郡から支払われる。巧妙な財政プランで、改修後の住宅でも平米あたりの基本家賃は4.5ユーロを超えない。コンラッド・マルティン街では、高齢者向け住宅と三世代共住コンセプトの住宅さえ提供されるようになった。この新コンセプトの導入ではユーロパン・コンペティションが重要な役割を果たした。

"ゾネンシャイン（日光）" 保育園

ケーテ・コルヴィッツ通り38

施主：DRK
設計：シューダーマン、ハウゼン
完成年：2007年
延べ床面積：1,462㎡
平米単価：752 Eur
工事費総額：1,100,000 Eur

長い間それぞれ独自に存続してきたライネフェルデと隣町のヴォルビスが2004年3月に合併した。この双頭の"まち"は、さらに7つの村落を併合し、ほとんど100km²の面積を持つ自治体となった。そこには再び専門家が現れて、新しいハウジングのタイプである"リージョナル・シティ"についての研究を始めた。

　ライネフェルデの南ニュータウンは、その後も話題を提供し続けている。地区コーディネーターによれば「混乱期は終わり、最近の地区情報誌では祭りの計画などが話題の中心になっている」という。丘の上に一大教会センターを持つカトリック系ボニファティウス信者組織も会員が1,200人に減り、2007年暮れには旧市街の信者組織と合併した。

　どこにも普通の日常生活が見られるようになった。ライネフェルデはそれを成し遂げたのだ。

　ここも、福祉センターと同じく70年代の2棟が平行するタイプの保育園を改造したものだ。庭に面する低い棟の内部をグループ保育室に分け、宙に浮いた積み木のような"プレーボックス"がそれぞれに2つずつ付いている。グループ保育室以外の各種用途の部屋は裏側の2階建て部分にあり、面積削減のため長手両方向を削減した。2棟の間にはメインエントランスからフォワイエを通り多目的室から中庭の遊び場へと続くスペースができている。

ライネフェルデ・プロジェクトに与えられた主要な賞

1999年　ドイツ建築クライアント賞
　　　── フィジカー街区改築（M. ペツェート）
2001年　ドイツ建築クライアント賞
　　　── ハーン通りの団地住民センター、ビュフナー通り26–40改築（M. ペツェート）
2001年　ドイツ建築賞（佳作）
　　　── フィジカー街区改築（建築家　M. ペツェート）
2002年　「旧東ドイツ都市改造提案競技」都市開発コンセプト優秀賞（GRAS事務所）
2003年　ドイツ都市計画賞
2003年　ドイツ建築クライアント賞
　　　── ビュフナー通り42–44改築（S. フォルスター）
2003年　テューリンゲン州建築賞（佳作）
　　　── 保育所の社会福祉センターへの改造（O. シュターダーマン）
2004年　EU都市計画賞
2005年　ドイツ建築クライアント賞
　　　── アーバンヴィラ（S. フォルスター）
2005年　テューリンゲン州建築賞（佳作）
　　　── アーバンヴィラ（S. フォルスター）
2005年　国際建築家連盟（UIA）"R. マチュー賞"
　　　── ライネフェルデのS. フォルスター作品
2005年　国際建築家連盟（UIA）"P. アーバークロンビー賞"
　　　── 都市開発戦略（H. シュトレープ＋GRAS事務所）
2006年　テューリンゲン建築文化基金賞
　　　── ライネフェルデ南地区の都市改造
2006年　"発想の国ドイツ100選"に選定
　　　── ライネフェルデにおける一連の"パネル住宅"改築プロジェクト
2007年　"未来住宅"建築賞
　　　── ビュフナー通りの"パティオ住宅"
2007年　ビュステンロート基金建築デザイン賞"既存建築の改造"
　　　── アーバンヴィラ
2007年　ドイツ建築クライアント賞（佳作）
　　　── ビュフナー通りの"パティオ住宅"（S. フォルスター）
2007年　国連ハビタット賞

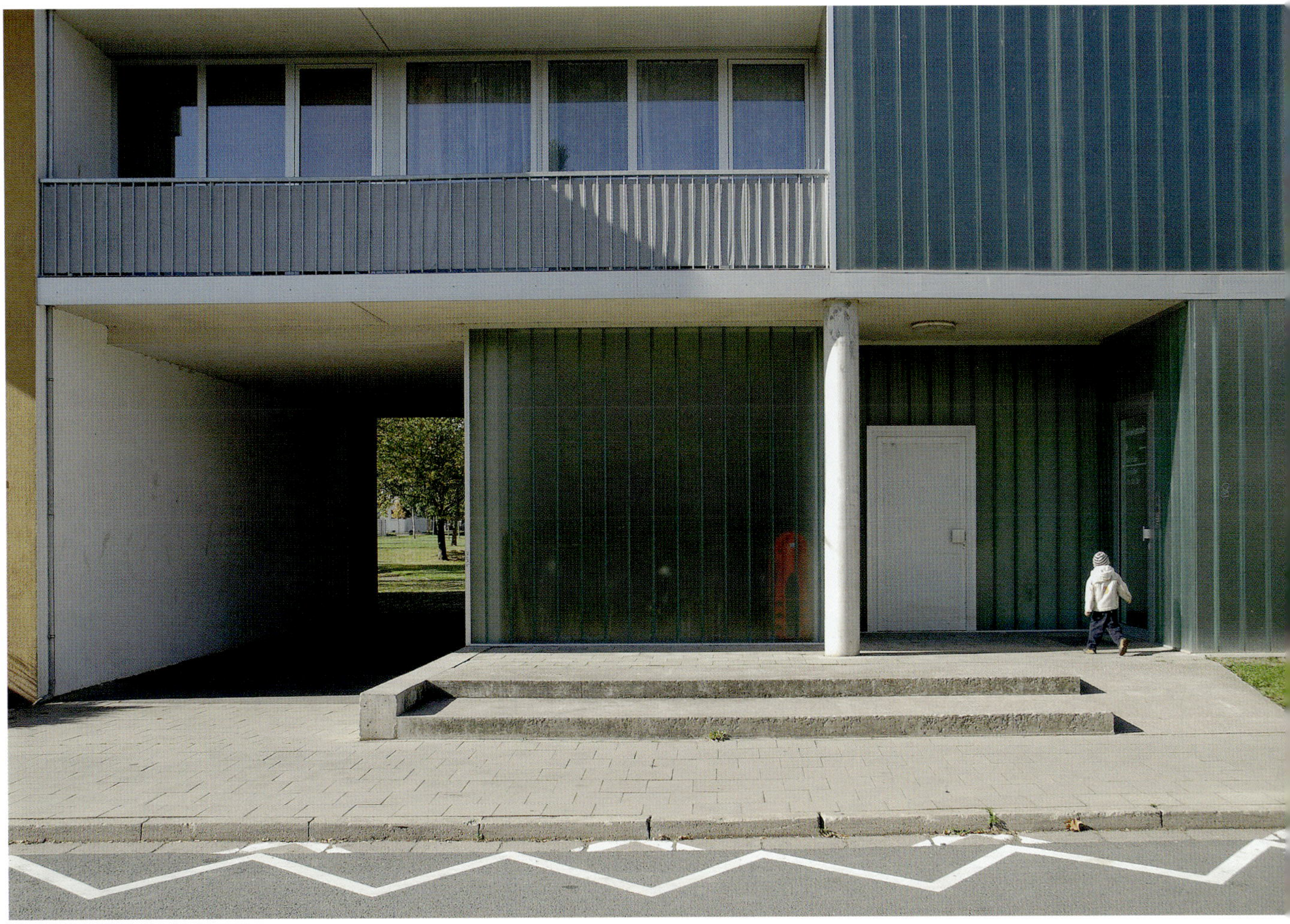

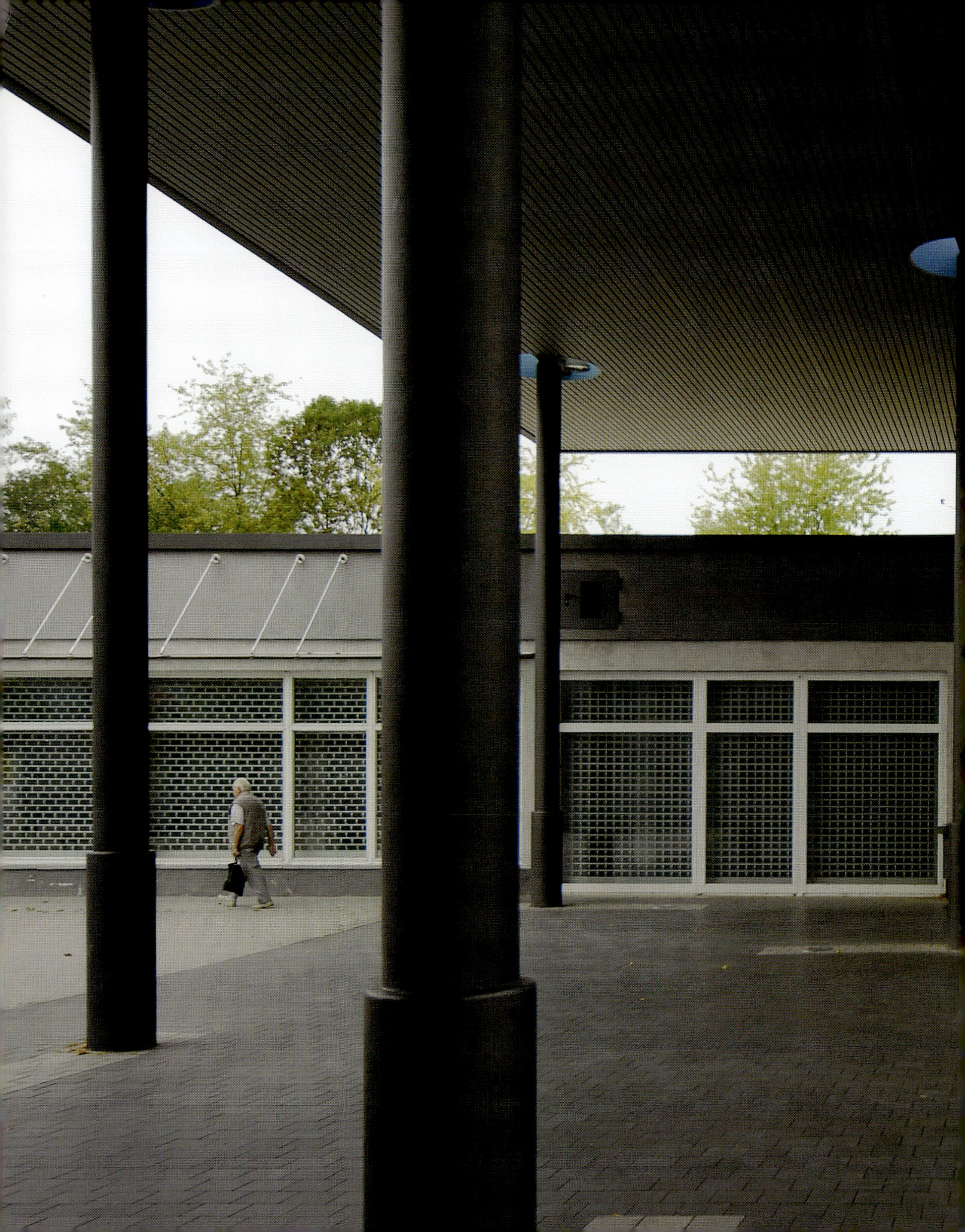

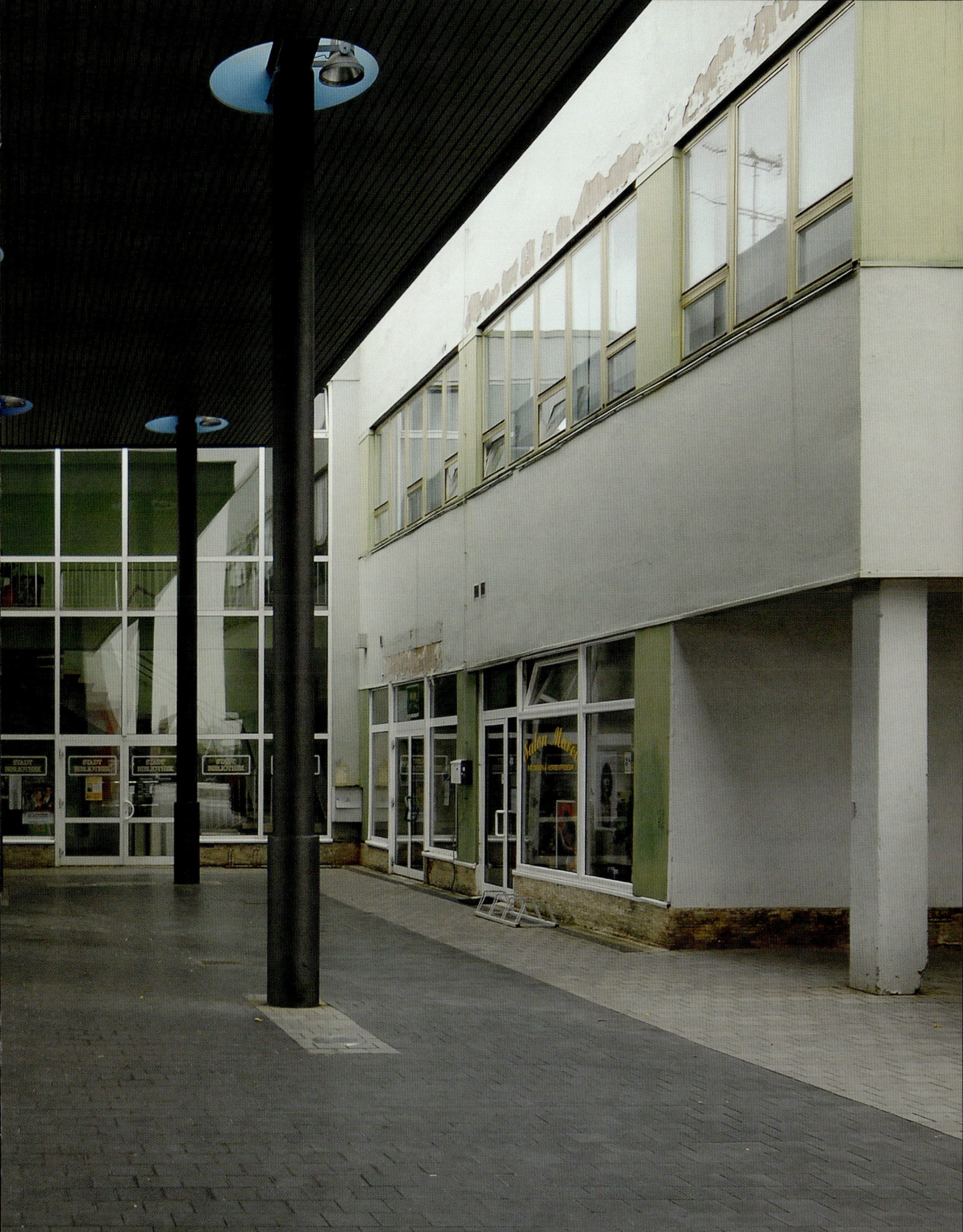

スイスやオランダの新しいハウジングに見るように、
集合住宅は、居住形式としてその役割を終えたわけではない。
その成功の鍵は、そのハウジングや周辺に住む様々な社会層の人々が住める
空間とクオリティーの多様化にある。
ドイツの場合は、細かく規制された助成制度でがんじがらめになっていて、
その方向への展開の余地のないのが残念だ。
ムック・ペツェート、建築家、ミュンヘン在住

建物の解体・撤去とは財産の破壊を意味する。
とはいえ、減築の全てが終了し、空き家率が 8% 以下になれば、
住宅経営も再び " 黒字化 " すると考えている。
パウル・シュミット、住宅組合代表

81

南地区には安定した雰囲気を感じる。
的確な時期に、必要な資金を、該当する場所や物件に投入したので、
現在では、"まち"全体として次の展開へ向き合える状態になっている。
ムック・ペツェート、建築家、ミュンヘン在住

公共空間への多大な投資がなされた。
しかし何かアイデンティティーに必要なものがまだ欠けていると、私には思える。
ここの住民は、どこかの村とは違い、
強い無名性に支配された環境に住んでいるのだと思う。
マルクス・ハンペル、ボニファティウス教区の前牧師

最初のうちは何がどうなるのか誰にもわからなかった。
ラジカルな提案ほど実施されるとどうなるかイメージするのが難しい。
ほとんどの場合、でき上がったものを見て、
初めて本当に信じる気持ちになったものだ。
バーバラ・ハーン、ライネフェルデ住宅公社社長

改築は視覚の訓練になるのだと思う。
フォルスターやペツェートの建物を見なかったら、
私の社会福祉センターはできなかったと思う。
今や私も自分の町でもあのようなモダンな建物を設計するようになった。

オトマール・シュターダーマン、建築家、ライネフェルデ近郊ハウゼン在住

持ち越し債権による私有化という義務は甘んじて受け入れたが、
売却すべき287戸のうちで売れたのはたった12戸だけだった。
だから住棟の撤去はまさに救いの神だった。
パウル・シュミット、住宅組合代表

ソーシャルハウジングは、今後の自治体での"予備住宅"として
重要な役割を果たせる大きなポテンシャルを秘めた部分だ。
賃貸住宅は、フレキシブルな人生計画に適しているし、
"個別管理住宅"なのでリニューアルも容易にできる。
ベルント・フンガー、都市計画家・社会学博士、ベルリン在住

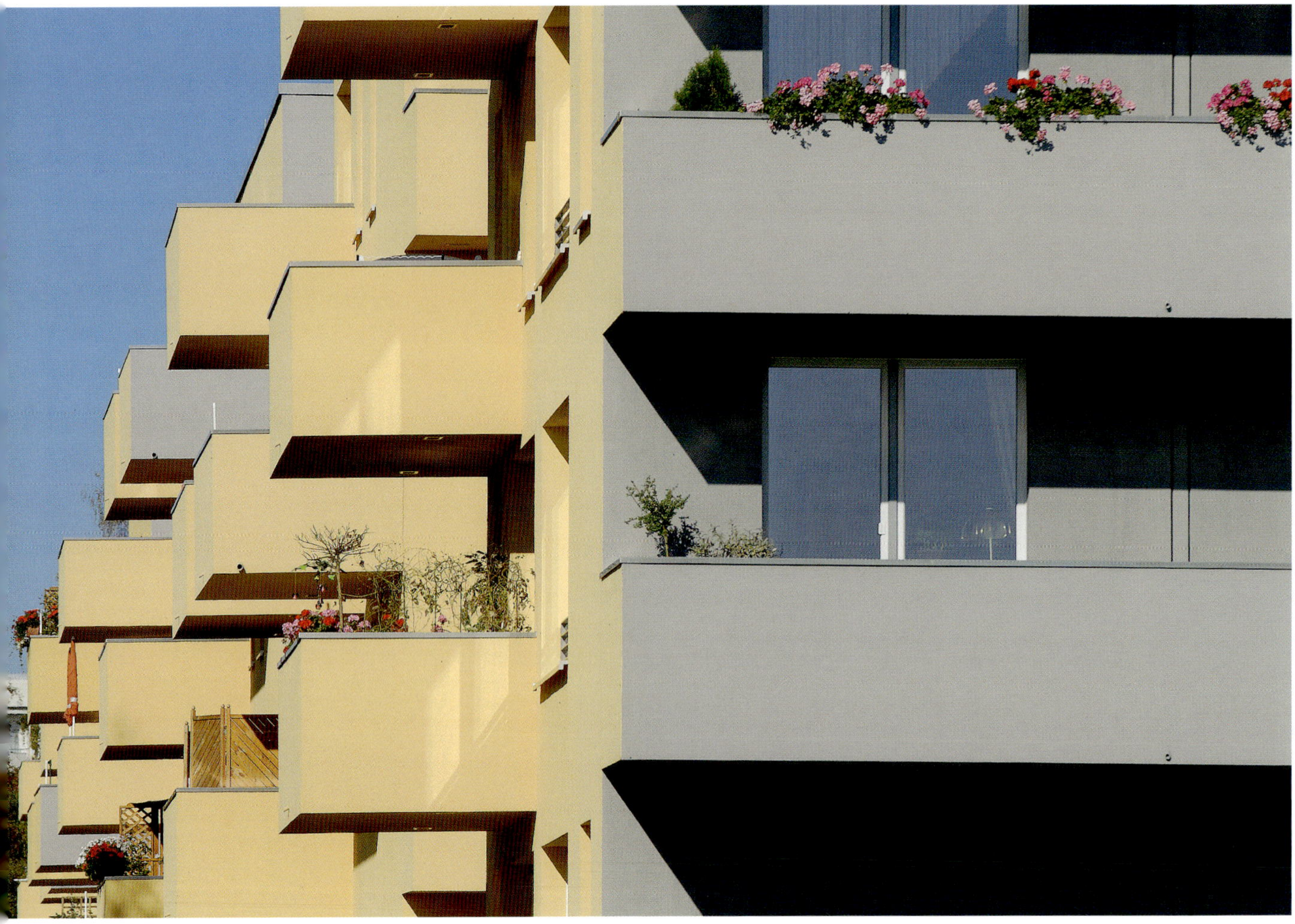

ラインハルト市長は語る
——これが私の人生

ライネフェルデ・ヴォルビス市ゲアト・ラインハルト市長とのインタビュー

　最近ヴォルビスの旧市庁舎にデスクを移したが、市長とのインタビューはライネフェルデに残る市長室で行われた。広いが東ドイツ時代から変わらぬありきたりの部屋だ。

　1945年生まれで白髪の見えるラインハルト市長は、背筋が伸び背も高く、その声は電話のとき、秘書室までもよく届く。テューリンゲンの方言混じりで、一語一語に力が籠もる練られた話し方は、たしかに最終決定のスピーチに馴れた人のものだ。

　ベルリンの壁崩壊までは、高校で数学と物理を教えていた。1990年にCDU（キリスト教民主同盟）から立候補して市長になった。旧東ドイツ時代には、警察官達さえ日曜日には教会に行ったというほどカトリックに染められたアイヒスフェルトではCDU勢力は動かしがたい。野党、市議会内の反対派はとるに足らず、隣町ヴォルビスとの合併後の選挙でも68％の票を得て、市長はその政策への自信を深めた。ラインハルト氏が"私が・我々が・わが町が"と言うとき、百万都市の市長にも匹敵する迫力がある。

　州の賓客や連邦大統領、海外からの専門家を迎え、さらには、日本・オランダをはじめ世界各地でも"わが町の再生実験"を報告し、様々な賞の授賞式でカメラのフラッシュを浴びるのには馴れた市長である。「ローマ法王を招待したのだが、来てくれれば……」と語るとき、市長の目は冒険好きの少年のように輝く。

W. キール

市長は、急激な変革の時代にその職に就かれましたが、その後どうなるのか想像できたのですか？

　1990年の東ドイツ国会で初めての自由選挙があり、5月の地方選挙で市長になったが、どちらかと言えば選挙の渦に巻き込まれていたと思う。本職は教師だったが、いつも何かの建物建設に関わっていたし、高校[*1]ではスポーツの指導もしていた。私への圧倒的な票はそれと関係があると思った。自分は建築図面も読むことができ、都市を空間的にイメージして問題点を推測し、より良い計画の提案もできると考えた。数学者は抽象化も具体化も得意だし、長く教師として人間を見る目も養ってきた。まあ全て、市長として必要な素養ですね。

政治的な部分は？

　教師時代には政治からはできるだけ距離を置いていた。しかし1990年に社会変革の具体的な姿の見えたとき、今だ！と思いました。しっかり目を開けて参加しよう！　私の生まれ故郷のこの町をなんとかしよう……と。

　私を含めあの新選挙で選出された市長たちには、2つの社会システムの間に"自由に動ける隙間"があった。旧東ドイツのシステムにはもう縛られることなく、西ドイツの官僚機構にもまだ組み込まれていない。頼れるのは自分だけだ。私は自分の中の教師を信じようと思った。

　数学や物理の世界では常に"正誤"がはっきりしており、半分正しいというのは回答にならない。これを政治の世界に翻訳すれば、何かうまい解釈を見付けて差し迫った状況から逃れるのではなく、何らかの判断を下すということになる。

左：ビュフナー通り地区のいわゆる住居棟IV、1982年、131ページが現状
右上：工場へのゲート脇のショッピングセンター"セントラ"、1966年開業
右下：ライネフェルデ750年祭と綿花紡績業15年祭の飾りをつけた中央広場の噴水、1977年9月

　個人的経験から、たとえリスクを伴おうとも、判断を下す方が、決定を圧殺するよりよほど良いと思う。その後何度かの選挙でも支持率は上がっているので、我々の都市改造への断固とした施策は決して否定的には取られていないと思うし、ライネフェルデ市民も都市再生に対する優れた判断をするようになった。

アイヒスフェルトでは、ライネフェルデはあまり人気がなかったのではないですか？　すぐ隣の村まで来なければ、ライネフェルデへの道路標識が出てきません。この辺りでは全ての道がヴォルビスへ通じているように見えますが……。

　それは大したことではないと思う。ライネフェルデの急激な成長は1961年からで、市に昇格したのも1969年になってから、アイヒスフェルト郡でも多少大きな村に過ぎなかった。ただそういうことは、結構人々の頭に刻みついているもので、村から市に代ってもアイヒスフェルトの郡庁はやはりヴォルビスにあったし、政策的な工業化で、"輝く労働者階級の拠点"や"アイヒスフェルト初の社会主義都市"だと宣伝されて……。

労働者であることは恥ずかしいことだったのですか？

　そうではないが、ただ現実はそれほど栄光に満ちたものではなかった。それに当時自家用車はほとんどなく、道路標識は必要なかった。周辺の町や村に住む従業員も毎朝バスで通っていた。見習いから始めて年金をもらうまで工場で働くのだから、仕事でも車は必要ない。ここでは職場と組み合わされて住居も作られたので、住民はいろいろなところから集まってきた。私は学生のとき以外はずっとここに住んでいたので、新しい職場の発足と同時に若い人々が続々とやってくるのを目のあたりにしていた。1990年でも、ライネフェルデは平均年齢25.1歳、全ドイツでも一番若い都市だった。

　住居だけでなく、スポーツやレクレーション施設、育児のための施設も整い、本当に良い条件が揃っていた。物資の供給も良く、州都エアフルトからさえ買い物に来る人が大勢いたほどだった。

1990年には、それが全て過去のものになるのですね。

　そう、私の市長としての最初の仕事は現況の把握だった。16,500人に対して12,500人分の職場があり、最新とはいえないが必要な都市インフラや広域の地域暖房もある。しかし環境問題が迫ってきていた。

　そこに来て突然、経済基盤が壊れ、ほとんど一夜で75%の職場が消えてなくなった。住人だけが残り、その多くはこの地に根を生やしきっていない若い世代で、その90%がパネル工法の住宅団地に住む、という世界記録ともいえる

状況だった。

　このときを境にして、ここの"住居モデル"が否定的に受け取られるようになった。すぐには新しい職場ができそうにはない。短い"風見鶏"の時期を過ぎると一斉に"脱出"が始まり、多くが出身地へ戻っていった。家族がどこかに所有するボロ家の方が、クオリティーの高い賃貸住宅より良いというわけだ。さらに、近辺の村々では戸建住宅の夢が適うようになったこともあり……。

後から見れば、すべて納得できますが、市長は当時、町にとって大きな影響をおよぼすそうしたプロセスを見通されていたのですか？

　細かい点まではもちろんわかっていなかった。それでも市長に就任して14日後には私なりの都市計画を練り始め、いくつかの開発拠点をイメージしていた。すでに計画されていたアウトバーンに近い市の北東エリアに新しい産業地域を……、などだった。市長としての最初の1年の間に、今後どうなるかがはっきり見えた。1990年11月には市議会で初めて少子化と住民の転出について明確にした。これが、ライネフェルデ、特に南地区に重大な影響をおよぼすことが自分には見えていた。そのときの議事録に「我々は、わが町で住居が撤去されるのを防ぎきれないだろう」とある。

すでに1990年11月の時点でそれほどはっきりとさせたのですか？

　そうです。市議会では野党の絶叫はあったが、市民はまずは静観した。そこで、私は市役所の各課と共に我々の姿勢を決めた。つまり「90％の物件をニュータウンに所有し、それを新しい状況に対応させられない者は、市民の代表たる資格はない。そして、我々自治体の責任において、どんな結果も引き受け、この状況を打開していく」という決意でした。

そんな言い方であなたは孤立しなかったのですか？ 多くの市長はその後10年経っても町の縮小を公的な場所で議論するのを回避していましたが……。

直接罵られたことはありませんが、かなりきつい批判は何度か聞かされました。

郡や州の役人たちの反応はどうでした？

大規模ニュータウンの安定と成長を援助する目的で1992年に連邦・州共同のプログラムが施行され、テューリンゲン州ではエアフルト、ゲーラ、ワイマール、イエナ、ズールが対象になった。

このとき自分は、ライネフェルデも入れるよう強く訴えた。問題はパネル住宅の絶対数ではなく、1つの町の全体に占めるその割合を問題にしなければならない、と。エアフルトの4つのニュータウンを合わせたパネル住宅の割合は40％なのに、ライネフェルデは90％もある。運良く、州政府の要人に、ライネフェルデの経緯をよく知る方が何人かいて、我々が計画の基本方針を出す条件で話を聞き入れてくれた。総合都市開発構想*2という概念は当時未だなく、誰に頼めばいいのかという私の質問に対して、いくつかの計画事務所を教えてくれた。そこで、2つの事務所に来てもらい我々の状況を話し、一番話に納得できたシュトレープ氏の事務所・GRASに仕事を委託することにした。そして最初のマスタープランが1994年暮れにでき上がった。

我々の問題を扱うカテゴリーは、通常の建築法にはなかったので、次の年の市議会でマスタープランを"我々自身の原則"に従って運用することを決議した。我々は今も基本的には、当時かかげた前提条件どおり行動している。

私はマスタープランの戦略に納得していた。都市的な集合は残しながら、建物撤去が必要なら空間的な関係を守りつつ外部から内部へ進める。隔離したり、切り離される場所はつくらない、という原則だった。どこに集中的資本投下がなされるべきか、いや、おそらくもっと大事だったのは、住居の維持や改装にもう出費しない場所はどこなのかの概要がわかったことだ。

住民の反応はどうでしたか？

もちろんいきり立つ人が大半だった。「このブロックからのきれいな景色をごらん！ ここを壊そうなんて！ あっちのブロックから手を付けたらどうか！」と。

ところが、住民たちがだんだんと理解を示すようになったのには自分でも驚いた。彼らにとっては、何かがなされるということがともかく大事だったのだと思う。そうして戦略が理解されると、彼らは割とスムーズにこちらの味方になってくれるようになった。外縁部のブロックの住民も、自分の住棟が近々撤去されるとわかると、自ら他のブロックの住宅を探し始めた。

最初からサクセスストーリーですね？ 各住宅会社ごとの改造計画はなかったのですか？ それに、例の、南端のブロックのいくつかを買い占めて、独自に"環境美化"しようというシューマッハー不動産会社はどうなったのですか？

我々がまだ計画段階だったとき、住宅公社はすでにいくつかの決定を迫られていた。連邦政府による"持ち越し債権"援助規定によって所持物件の何割かの民営化が義務付けられていた。居住者側には需要はなく、買い手がいれば、誰でもかまわない。住宅が売れればその分持ち越し債権の重圧が軽くなる。ライネフェルデ住宅公社（WVL）*3がシューマッハーに譲渡した分については、彼が何をどうしよう

とも、市は何も言えなくなった。あの"環境美化"の内容のいくつかは、我々のマスタープランに合致していたが、結局彼は破産してしまった。その結果、撤去のために、市は建物をシューマッハー社から買い戻さねばならなくなった。唯一幸いだったのは、買い戻し価格が譲渡価格より低かったことだ。

そういう失敗を市はどうにか無事にすりぬけてこられた……。

そこから学んだのは、外部投資が都市開発の大きな妨げになり得る、ということだった。もちろん彼らも購入物件の周辺を手入れし、ある程度の水準で改装する。買い手もあり、ケルンやデュッセルドルフからさえ投資家が来たほどで、市に不満はなかった。しかし1995年ごろになると、そうした改装プロジェクトが壁にぶつかる。屋根、外壁、窓を高性能化してバルコニーを付けても、それだけではサスティナブルとは言えない。どこも同じ間取り、設備システムが古いまま、住棟周辺の環境には手が付けられてないことなどが居住者からのクレームとして出てきた。そこで我々は1995年、より強い活性化を外部から加えるために、2000年万博の場外会場として応募申請したのです。

その考えはどこから来たのですか？

1995年の秋に、2000年開催のハノーバー万博では"場外会場"が設置されるという情報が届いた。最初に聞いたのはニーダーザクセン州だけで、ということだったので、万博事務局長のブロイエル女史[*4]に手紙を書き、ライネフェルデも参加できないか問い合わせた。もちろん、補助金もほしかったが、ドイツ統一後10年で、どのように東ドイツ時代の工業都市が変化できたかを示すべきだという趣旨だった。ここライネフェルデは、ニーダーザクセン州ではないが、ハノーバーを流れるライネ川はここが源流だ……。

このちょっとしたギャグが大きな成果をもたらしたようだ。実はこのとき我々は"場外会場"を世界各地に設けることになっていたのを知らなかった。これはドイツ各州にも適用され、テューリンゲン州ではライネフェルデも参加できることになった。

これに先立つ1996年の1月、市議会で応募を決議していたので、もう後戻りできなくなった。何か目を見張らせるものを世界博覧会で展示することが必要になったのです。

当時すでにGRASが仕事をしていましたし、どうなるかの予想はついていたのでしょう？

応募には展示のコンセプトを示さねばならない。私たちは、ライネフェルデの課題全部をリストアップし、まちづくり（都市計画）、労働（産業・経済）、エコロジー（自然環境）という3つのテーマごとに整理した"団地再生計画"を立案し、分野ごとの"ワーキンググループ"を市議会の周辺に設置したのです。

その応募コンセプトにはすでに"減築"とか"解体撤去"という言葉が現れますか？

もちろん。資料では全てを説明している。それに1996年にはパネル工法住宅のリノベーションをテーマに建築デザイン・コンペティションを実施し、その受賞作品は1997年から実施に移されて、万博関係者や住民たちへ我々の意図を示すシグナル効果を発揮できるようにした。こうした経緯で、2000年の万博ではハーン街の減築プロジェクトを実際に提示することができた。

左：パネル工法建物完全撤去後の残骸
右上：外構工事に使われたリサイクルパネル
右下：アインシュタイン通りの部分減築、"アーバンヴィラ"の"躯体工事"

建築家には何を要求されましたか？

　具体的には、フィジカー区とディヒター区で、間取りを変え変化のある建物にすること、既存の都市構造へ順応しつつ住宅周辺の環境を整備すること、などが課題でした。

都市空間だけでなく家の内部まで、ということですね？

　そうです、それぞれの建物と内部の改造です。

もう一度、プロジェクトの時間的経緯に戻りたいのですが？

　1993年に連邦と州の共同プログラムへの参加と援助の申請、これは秋に承諾された。1994年マスタープラン作成の集中的作業、1995年のマスタープランの議会承認、と同時に第一ステップを踏み出したこと、という順序だった。同じく1995年には、それまでの建物改修では、とてもリニューアルとして不十分だという認識から、1996年に建築デザイン・コンペティション方式を導入し、これに並行して万博の場外会場への参加申請、そして、1997年には建物撤去の実施を決定した。そしてこれを2000年万博で世界に問おうと……。

　団地再生事業のスタートだったのです。

すごいスピードだったのですね……。

　たしかにそうです。当時ここには30％の空き家があった。早期に何らかの手を打つか、ただ破産を待つかのどちらかだった。コンペの受賞者も審査員も、住宅の絶対量を削減するだけでなく、住宅の高さは4階以下にすべきだという意見で一致した。南地区はほとんどが5階か6階建ての建物ばかりで、あのときは、そんな荒業をやるための建設技術も資金援助のあてもなかった。

　そこでいろいろ考えた末、水平でなく垂直方向で減築するというソリューションにたどり着いた。5階建ての最上階を取れば全体は5分の4になるが、屋根をもう一度作るので金もかかる。このアーバンヴィラでは、長い建物の階段室の2つごとに縦の住宅を"中抜き"して既存の階段室からアプローチする住宅とすれば住宅の数は半分になる、という具合なのだ。

　あれ以来、パネル工法建物のリ・デザインを様々に試して、今では水平、垂直や屋上テラスの形成など、何でも可能になった。ライネフェルデではそうした減築デザインの全てを見ることができます。

建物を浮かすことだけはまだやっておられませんね……。

　駐車スペースとしてピロティをつくるのは比較的簡単だと思う。寝室部分のPCパネルは6m幅で車1台のスペースとして十分に広く、下に地下室もある。上の2階を住宅にして……。そんな可能性があるし、躯体はまだ100年は使える。

建物の取り壊しが始まったころ、多くの涙が見られた。当事者にとっては、やはりつらいことだった。意地の悪い者もいて「このきたねえ屑パネルなんか捨てちまえばいいんだ！」とも言っていた。しかし、中の鉄筋は錆びてないし、多少建築がわかる人なら、このPCパネルの寿命が尽きるまでには、安物の戸建住宅など跡形もなくなる、とわかったはずだ。

そういうパネルはどうされたのですか？　やはり粉砕して砂利の代用に？

　初めのうちはほとんど砂利代わりに使った。しかし最初の解体撤去の際に残した数枚のパネルを使って、建築材料研究所や建設機メーカーと再利用の検討を進めた。膨大なエネルギーを注入して生産されたこの多量のコンクリート部品を、ただ粉砕して道路の基盤に使うなどは考えがなさすぎる。少なくともアウトバーン工事で発生する溝にパネルを埋めておき、新技術が開発されるまでの資材置き場にもできたはずだ。ハノーバー万博では、そうしたパネルのリユースも会議テーマにしました。

最初の建物を撤去されたとき、すでに完成した形の解体技術が存在したのですか？

　バード・ザルツングのウエイ社が担当したが、どうするのかまるでわからず、かつてパネル工法住宅の組み立て工事を担当した技術者に相談したようだ。彼らは重要な溶接部分や、コンクリートをケチった部分を憶えていたので、簡単な解体方法がわかった。

　その後も、我々は技術的経験を積み上げてきたので解体や撤去の計画が順調に進むようになった。パネル工法建物は、それに適した技術を使えば、適正なコストで、ほぼどんな形にでもできる。それにうまく解体すれば、パネル自体の再利用が可能で、これは新たに建材を入手することと同じになる。

　建築家たちも一歩一歩、コンクリートの切断技術やフレキシブルな設備配管システム、乾式工法などを使った住宅平面の多様化の方法を開発してきた。

建築家たちというのは例のコンペの受賞者2人のことですか？1人はミュンヘン、もう1人はフランクフルトからの建築家だったですね。

　そうです。そもそも、この辺りの建築家がどうパネル工法建築を解釈していたかは、先行して実施された改修建物を見るとよくわかる。大抵がマンサード屋根を乗せた住棟で、改修コストの半分近くがあのブリキ屋根に消えている。

　2人のコンペ受賞者は、それを超えるデザインを減築などで提案してきたのです。

　それに、彼らとの契約の際には地元の建築家との共同作業も条件に加えました。1人はここに"現場オフィス"を開設し、もう1人は地元事務所と共同作業契約を結びました。

マンサード屋根は一般住民の趣味を反映したものでしょう。西側からの建築家に対する住民の反応は？ 箱状の建物が改修後も固い箱のままですが……。

　完成当初は受け入れがたいと言う声が強かった。それが変わったのは、いくつかの住居、たとえば、1階の庭付き住宅に人が入ってからだった。それまで借り手を探すのに苦労した1階の住居に突然人気が出たのに驚いた。それに住民自身が庭を手入れするので、その分経費を削減できる。このような結果は、単に屋根もどきでパネルを隠蔽する発想とは全く違ったコンセプトのデザインだったからだと言える。

庭付きの1階住居は家賃が高いのですか？

　いいえ、1階住居の場合の"緑の部屋"の長所と、外からの視線や騒音の短所が相殺するからです。住宅管理を担当する公社は、庭にかける経費が住人自身の手入れで不要になるし、庭があることで道路からの距離ができ、防犯上も利点がある。

庭でバーベキューをやっているのを上から見る人たちが妬んだりするのは……？

　彼らも応募すれば入居できたのです。メゾネットタイプなどいろいろユニークな住居も提供したが、当初はそうした住み方に馴染みがなかったので応募するのが怖かったようだ。しかし今では、勇気を出して入居した人たちが新しい住み方を楽しんでいます。そういう評価はすぐに広がる。

住宅公社はどうだったのですか？ 説得が大変だったのでは？

　彼らの管理する住宅は、つまるところ市のものという形態なので、それほど抵抗はなかった。つまり、都市計画的条件などの基本的部分に関しては市に権限があるのです。

そうすると、たとえば住宅会社の立場から見て問題のない建物、つまり空き家がない建物がマスタープランで取り壊されようとした場合、住民も出たくないと反対するときは誰が決定するのですか？

我々です。もちろん住宅会社は住宅経営面をしっかり見なければならないが、市全体の利害を優先させる。これに関しては、南地区が計画された東ドイツ時代に、所有街区を恣意的に公社（KWV）*5と住宅組合に分けたことで今でも両者間に問題が起こり、市が調停役となっているという事実もあります。

住宅組合はパートナーとしてはどうだったのですか？

　最初、我々のマスタープランにあからさまに反対していた。彼らの所有住宅が集中する南地区周辺部への資本投下にストップがかかったからだった。しかし同時にそこの空き家率も30％になろうとしていたのです。

住宅組合は所有の住居に全く別の結びつきを感じているのでは？

　職場がなくなれば、組合所有の住居も要らなくなりますからね。

反対派の組合員をどう説得されたのですか？

　たとえば、建築コンペの際、住宅会社所有のフィジカー区と組合所有のディヒター区に絞ったりした。よく見れば、市は組合の方に多くの出費をしているのがわかる。経営上の損失はたしかに組合の方が大きく、公社とのバランスを取る意味もあった。その後は関係がどんどん良くなってきています。

事業資金を"自治体の共同財政部門"から配分したというのは本当ですか？　補助金をそういう形で貯めておくのは許されていないのでは？

　テューリンゲンでは建物撤去の補助金は、当初は175ユーロで、3年前から60ユーロになった。しかし実際には、地下室の撤去や配管の変更、業者の儲けを含めても今では25から35ユーロですむ。

　このことは補助金を出す側もわかっていて、補助額は決算額としていた。そこで我々自治体の首長は結束して州政府と交渉し、この差額をそれぞれの自治体のものとして州の貸し方に記入して、平米60ユーロ以上かかる部分、すなわち減築など再生工事の全体的水準を左右する部分に使える仕組みをつくってもらった。つまり、建物の解体・撤去をうまく計画すれば、高くつく減築も援助資金で賄えるという仕組みです。

　それから、これは重要なことだが、テューリンゲン州の場合、この種の資金は住宅会社ではなく自治体に与えられる。つまり自治体はその計画を住宅会社などに納得させるための重要な鍵とすることができるわけだ。というのは、建物を撤去すれば残るこの資金も、それの支出についてはそれなりの計画が必要だからです。

　この資金を最初に適用したのが住宅組合のプロジェクトで、これは信頼関係を築くためということもあった。この過程で公社、組合とも、互いに借り手の取り合いをしても意味がなく、市全体の発展が自分たちの利益と一致する、ということを理解した。

建物が取り壊された後の土地は誰のものなのですか？

　各住宅会社のもので、別の用途が決まれば売りに出される。広い土地が必要になる場合、彼らはそれぞれの土地を出し合うし、それまで道路だった土地の場合には、市も住宅会社と同様にそうする。そうして、共同作業も次第にうまくいくようになりました。

そういう空き地に本当に新しい用途が出てくるものですか？

"都市改造2002年"の提案競技では、"都市の統合的開発のコンセプト"を提示することが義務付けられていた。我々は、それ以前から、建物撤去後の空き地を任意に利用する方針を採用していた。

つまり、製造業やサービス施設、新しい形式の住宅などに利用することをアイデアとして提示することです。現在では、たしかにそういう要求があるのがわかってきている。

誰がそういう要求を持っているのですか？

たとえばディヒター街区の空き地になった場所には、国際的教育機関が身体障害者向け住宅を造りたいといってきているが、私としてはプロフェッショナルな開発業者と組みたい。そういう民間の資本が入る方が、将来の安定的発展が保障されると思うからだ。その他にも、ディヒター街区の周辺にいくつか戸建住宅ができてくれば、南地区にとっての"新しい雰囲気"が生まれると思っているし、その1軒目はすでに完成している。*6

ここで見たり聞いたりしたことから、都市改造もいつか終わる、という印象を持ちましたが、本当に"計画の成就される日"は来るのでしょうか？

都市開発は終わりのないプロセスだと思う。しばらく止まってるようなときもあれば、またすごいスピードで進むときもある。1963年の市の発足以来ここに住み、ライネフェルデがいつ終わるともしれない建設現場だった時代を知る市民は、それをよく知っている。建物は建設され、改造され、そして撤去されたりする。

しかし、今回の改造と撤去によって、南地区は人間的尺度の環境になった。数十年前の高密度で緑地の少ない環境はとても人間的とは言えなかった。住宅会社にとっては、過剰な住居を削減し、持ち越し債権がなくなり、残った住居の改装がすめば都市改造は終わる。彼らは空き家率などに照らして、どの時点で危険が去って通常業務に戻れるかがわかる。一定量の予備的住宅を確保しつつ、需要の増減に対応すれば良いわけだ。

将来の人口の行方は誰も予測が付かない。もちろんそれは経済的側面として大きな問題であるが、旧東ドイツのニュータウンのイメージが将来どうなるかにも、大いに関係する。ベルリンの壁の崩壊後、南地区の住環境はイメージが悪く転出者が続出したが、今では転入者も増えている。転出者が越していった周辺の村の生活条件は次第に悪化してきている。店もなければバーもない状態になっている。教会はあっても牧師がいないし、医者や薬局はもう町にしかなくなってしまった。公共交通サービスも難しくなり、若い家族がなく、自分で車を運転できない人は孤立してしまう傾向にある。しかし一方で最近のお年寄りは、文化やスポーツ活動などの楽しみを求めています。私達はそれも提供する立場にあります。

コミュニティ計画原論の教科書に出てきそうな話ですね。ところで、パネル工法住宅に戻ってきた人の具体例を挙げてもらえますか？

そういう例は多く、問い合わせのリストはありますが、具体的な数字と内容は、ここではちょっと……。

ライネフェルデの周辺の村はどうなっていくのでしょう？ 空き家が増えるのでしょうか？

リスト通りの初期の実験、幼稚園を改造したパッシブソーラーハウス の研修施設
設計：ソーラープラン有限会社、バハシュテッテ、1996年

　周辺の村には、持ち家ばかりでなく賃貸住宅ももちろんある。自分が把握しているのは賃貸住宅に限られるが、賃貸住宅の経営はたしかに難しくなっている。それに、持ち家を親から引き継いだ人たちも、子どもが大きくなり親も一緒だとどうしても狭くなり、別の可能性を探し始めている。そこに我々の PC パネル再利用住宅の可能性があると考えている。大きな市場ではないが、この傾向ははっきりしている。
　この逆流傾向は、ライネフェルデだけでなくヴォルビスやハイリゲンシュタットでも見られます。

ということは、ライネフェルデにプランナーは必要でなくなるということでしょうか？

　シュトレープ氏には今後も我々の都市開発に参加してもらうし、今も毎月 1 度のミーティングを開き、住宅会社との問題、ヴォルビスとの合併で発生した新課題などについて話し合っている。
　これからも、町で何が起こっているのか、どういう大きさの住居が求められているのかなどを注意深く観察していかなければならない。いつも新課題が出てきて振り子のような動きがあるので、適切な時期に効果的に対処する必要がある。
　たしかに 1994 年設定のマスタープランから見れば差し当たりの目標は達した。余剰住居は削減し、残った物件は改装し、新たに必要な部分の建設は終わった。社会的インフラや技術的インフラも新しい状況に対応する整備も終わっている。余剰になった幼稚園や学校は他の用途に使うか撤去して、少なかったスポーツ施設の補充も終わっている。それに、老朽化した 2 つのプールを中途半端にリニューアルせず、正式競技の可能な最新設備の、それにレクレーションプールを加えたものも新築した。
　交通システムを拡張整備し、元の産業地域を再生した新産業地域も開発し続けています。この最後の点が一番重要です。つまり職場がなければ、どうしようもないわけだから。

ライネフェルデの経済立地にも良い知らせが来ていますか？

　ある程度安定し、壁崩壊前の約 3 分の 2、6,000 から 8,000 人分の職場が確保できた。かつての染色工場と多色織物工場はザウアーラント（NRW 州）の会社が引き継いだので、テキスタイル産業都市のアイデンティティーが保持できたのは幸運だ。さらに、絨毯糸製造のイタリア企業も進出している。
　綿織物加工の単一産業構造だったのが、自動車部品流通拠点になり、建設や運輸関連の中小企業、各種クラフトの小企業なども立地して"健全な産業構造"になっている。かつての紡績工場用地はこれらの企業施設で埋まったので、新しい

産業パークを新設のアウトバーン近くに開発した。そこには製造業に集まってもらった。ただ、そこの就業者数は、ようやく350人ほどです。良い知らせが来ると助かります。

ところで、ここライネフェルデへの資本投下のためには、市はどう動くのでしょうか？

市としては、間接的にしか動けない。交通の便を良くし、企業に有利な規模や形状の用地を提供し、ごみ処理などのインフラを整備する。

ライネフェルデは、かつてテキスタイル産業5,000人規模の職場があったので、上下水道、電気などの設備があり、これは現在の必要量を大幅に上回っている。以前、金属加工業者が溶解炉に4メガワットが必要と用心して聞いてきたが、自分は大いばりで「昔だって16ギガ供給できた」とお答えした。ちなみにこの会社は、最近3台目の溶解炉を入れた。

現在の失業率は12〜14％で、旧東ドイツ圏では高くない方だが、これは隣接する旧西ドイツ圏のカッセルやゲッティンゲンへの通勤者がいるため、これはライネフェルデの都市改造の重要な条件だ。カッセルやゲッティンゲンで安定した仕事に就ければ、ここの安くて快適な"まち"から出ていくとは思えない。アウトバーンの完成で近くなったのです。

同じような苦境に立たされ、同様な苦悩を抱える市長も多いことでしょう。どういうアドバイスをされますか？もしくは、ライネフェルデでしかできなかった特殊なことは？

我々には特殊な1回きりの好機があった、とは言いたくない。空き家が増えた理由はどこも同じで、各都市での対応が問題だったのではないかと思う。1990年代の人口と経済の推移の実態を認識できなかったとすれば、決定的な遅れをとったと思う。

我々が成功したのは、とにかく早く始めたことによる。しかし、我々も市民も、自分に正直だった。壁の崩壊で90年代初めは本当に暗い気持ちだった。転落したが、少しずつ上向きに……、ある程度の安定に達するまでは……、と関係者の努力は並大抵ではなかった。

人口が減れば、使う経費は同じでも使える資金は減る。

ただ私は、この縮小プロセスの中にライネフェルデ正常化のチャンスを見ていた。1990年の状況は正常とは言えなかった。1k㎡に2,200人の密度で、テューリンゲン州では最も高い数値でした。つまり、この縮小プロセスで、かえって人間的住環境を作れる可能性ができたと考えたわけです。とはいえここは田舎で、経済基盤形成には限界があります。

ほかにアドバイスは？

まず、市民に真実を伝えることだと思う。住宅地に空き家が増えれば、住宅会社や市長がいくら経済発展を説いても、目先の利く市民は自分が最後にならないうちに転出する。

第二に、都市開発には各種レベルで継続的施策が必要だと考える。それら全てに一斉に着手すること、つまり取り壊しつつリニューアルもする。幼稚園・学校・道路も、緑地・工場・住宅・レクレーション施設の全てである。多くの都市では空き家問題だけに着目していたと思う。これは、住宅会社の目で見れば正しいが、自治体はもっと上から展望し、課題ごとに調停者として機能しなければならない。一見安定して

新築のオフィス:下水利用協会事務所
設計:オトマール・シュターダーマン

いる地域にも目を配る必要があり、ライネフェルデの旧市街も南地区同様改修して魅力を増した。

　第三として、関係者全員を同じテーブルにつかせること、市民代表、住宅会社、州や連邦の役人まで。しかし統括責任者としての"手綱"は手放さないこと、だと言えます。

　10年、20年後の町のビジョンをかかげ、それに向かって邁進するのです。

ホイヤースヴェルデにも再生のビジョンがありました。まず、住宅地を改造して"ヨーロッパの町"をつくり、次に年金生活者のための"運河の町"とするビジョンでした。どちらも完全に失敗し、とてつもない被害を出してしまいましたが……。

　あのビジョンは外から来たもので、実際の町とは大した関係もありませんでした。私の知る限り、彼らの前途は多難です。本当に町が消えてなくなるかもしれないのですから。

あそこの市長は明確な方針を出しています。「ニュータウンが消えてなくなろうと、旧市街は残す！」この点についてのライネフェルデのビジョンを聞かせてください。

　ここは将来も産業都市として生き続けると思う。この自己規定がなければ"まち"の意義がなくなる。ただ、単一産業構造から多層構造へと、各種プロダクトを生み出す基盤を構築しなければならない。ハノーバー万博での我々のモットー"みんなでわが町"を続けなければならない。旧市街をなおざりにせず、南地区の比重を上げすぎないことで、2つのエリアは良いバランスになった。さらに両エリアの間では戸建住宅建設が進み、新しい住み方を付け加えている。

　とはいえ、ライネフェルデのアイデンティティーにとっては、南地区の存在は欠かせない。"糸巻き機"という産業都市の象徴は、住民の大部分にとって、今でもそのアイデンティティーなのだ。工場ができたとき、彼らはここへやってきたという、その思い出を消し去ってはならない。むしろテーマとして取り上げるべきだ、と我々は考えている。

　次に、エコロジーの視点が重要だと思う。既存の地域暖房のシステムを改良して、エネルギーシステムを褐炭から木質廃材エネルギーに変更する計画を進めている。我々の持つ権限は、電気・水道・ガス供給から地域暖房、住宅や各種スポーツや文化ホールまで幅広い。いろいろやらなければならないこと、やれることがあります。最近では郊外の山に小規模な城も買いました。町のアイデンティティーのためには重要だと考えたからです。

市長は、まだ共有財産に価値を見出す"過激な小集団"に属しているのですか？

この財産は大事だと思う。福祉や生活基盤の供給を自治体がコントロールすることで、その質と値段を利用者が満足できるレベルに保てるからだ。また、我々のために作った設備で私企業がうまい汁を吸うようにはさせない、自分たちが利益を得るべきであり、その方が共同体としてうまくいきます。その儲けで、本来赤字になりがちな、文化事業やスポーツ、プールなどに投資していくのです。

まだ、自治体の投資を考えているのですか？
　我々はいつも、やりたいプロジェクトをいくつか持っています。予期しなかった資金の可能性が見つかれば、すぐ飛びついてプロジェクトを発進させます。また、州に《援助に無害なプロジェクトの開始》を申請し……。

それは何ですか？
　基本的に援助の対象となりうるプロジェクトを、正式認可前に始めてしまうやり方のことだ。認可がもし下りなければ、運が悪かったと思うだけです。

すごく危険を伴うように聞こえますが？
　いつも危険とは隣り合わせです。危険を避けていたら、今日の我々はなかった。いつでもどこでもみんなお金に困っています、ですから私は常に押しの一手、遅きに失せず、でやってきました。

フィジカー街の取り壊しは本当に早すぎました。すでに10年以上も今や跡形もない建物に住宅公社は持ち越し債権を払い続けていますね。
　あれは、私にとってはパロディです。あれでわかったのは、法律の作成の際、いかに無知と無能がはびこっているかということだ。しかし、日本庭園のあるあの中庭の素晴らしさは、持ち越し債権の何ユーロかを毎年支払っても余りあるものだ。

　都市再生プロジェクトの成果が市民に与える効果を軽く見てはいない。最初のパネル住居リモデリングの住民である彼らが、この片田舎の自分たちの"まち"が世界的な賞を受け、テレビに出るのを見るのです。その誇りが、ここの住民を変え、自分の"まち"づくり参加の意識を変えていきます。

　　　　　　　　　インタビューは2006年7月6日に行われた。

＊1　旧東ドイツにおける普通高校で卒業資格（Abitur）が大学入学資格になる。
＊2　この2000年に始められた政策は、自治体に都市改造コンセプトを作らせるもの。このコンセプトが承認されると建物撤去の補助金が出る。
＊3　ライネフェルデ住宅管理会社
＊4　東西統合時にできた信託庁の理事長・B. ブロイエル女史のこと。その後ハノーバー万博協会の理事長を務めた。
＊5　東ドイツ時代に市営住宅の管理を行っていた組織。
＊6　本書の最終章にディヒター街周辺の戸建住宅について記述がある。

シュトレープ氏は語る
――"東ドイツの影"も残るよう計画した

　インタビューはワイマールのホテルで行われた。ドレスデンからケムニッツへ、エアフルトやライネフェルデに出向き、その合間にアルジェリアや中央アフリカにも出張するというヘルマン・シュトレープには馴染みの状況だ。1947年アルプスに近い南ドイツ生まれの都市計画家からは、しかし、そうしたエキサイティングな生活は感じられない。登場の仕方自体"やり手"というイメージからほど遠く、むしろ音楽家を想像させ常に控えめで感じが良い。話しは静かだが底に力がこもり、いざとなれば喧嘩も辞さない信念に満ちている。インタビューでは、常に信頼に満ちた視線がなげかけられた。

　彼は、計画案を実現に移す際、何よりも建築のクオリティーを重んじる。自分で改装したドレスデンの事務所兼住宅も、どこかハンドメイドの感があって気持ちが良い。いずれにせよシュトレープ氏は、既成の原則や味気ない原理では物事を片付けたくない人のようだ。全ての活動においてそれらを"修行"と捉えられる幸せな人物だという気がする

　どんなに建築のクオリティーを目指すにしても、プランナーとしてはその場所の現実と折り合いをつけなければならない。ライネフェルデでそれを実現した彼には"柔軟なプランニングの意味、プランニング・パワー"への信念があると感じた。

　「ドレスデンやダルムシュタット、テューリンゲンでの常にせきたてられるプランナー人生を早く卒業したい。南の太陽の下で、1年中、友人たちと、アートと、料理と過ごせれば……」と彼が語るとき、とても納得させられた。

W. キール

初めてライネフェルデに行かれたのはいつですか？
　1993年の終わりで、ラインハルト市長が、ちょうど始まった"大規模ニュータウン再開発援助プログラム"[*1]の指定をうけるために動いていたときだった。州政府からマスタープランの提出を求められ、その作業を誰に頼むかわからなかった市長が担当官にたずね、担当官はいくつかの事務所と私たちの名を挙げた。それがきっかけで初めてライネフェルデに行った。

あなたのプロポーザルと他とでは、どこか違いがあるように思いましたか？
　あれは入札なので、何もわからない。自分たちが提示したのは、課題をどう捉え、どういう順序で解決し、どんな形の市民参加を考えているかということだった。それに我々の作業コストも、その中で一番安かったとは思えない。

あなたの本拠地はもともとダルムシュタットです。テューリンゲンは西側でのあなたの実務を拡張する場所だったのですか、旧東ドイツに何か大きな違いを感じていましたか？
　内容的に見て全く違う問題がある。状況もずいぶん違うと感じた。だから最初は、計画そのものについて一緒に学習しようということで仕事を進めた。旧東ドイツの自治体は、当時、自治権を自分のものにして、その新ツールの使い方を学ばねばならなかったからです。

私はむしろ旧東ドイツの一般的状況について伺いたいのです。1994年ころには多数の工場が閉鎖されました。それは、あなたがそれまで扱ったものとは全く異なるものだったのではないですか？
　そうした激しい社会変化については、私は、実はルール工

業地帯の例で見聞していた。しかし方法論的あるいは取り組みの精神という面で役に立ったのは、様々な社会問題との対決を迫られる開発途上国での長い経験だった。アイヒスフェルトでの状況は、それと比較できるものではないが、だからといって解決できないものではないと思えた。

旧東ドイツの他の自治体と比べて、何かライネフェルデに特有なものがありましたか？

　ニュータウンがこれほどの割合を占める都市をそれまで見たことはない。旧市街の人口は2,500人なのに、14,000人もの人口流入のあったことが"まち"の性格に大きく影響するので、プランナーとして十分慎重を期さないといけないと思った。

南ニュータウンの住民は、社会主義下の産業開発の尖兵として各地から集まった。そのためにアイヒスフェルトではあまり歓迎されなかったと聞いています。1990年以後、他の類似のニュータウンではプランナーたちはこの"感情的アンバランスを是正"に努めました。ハレでは最初からパネル工法の団地そのものが敵視され、ハレ・ノイシュタットのニュータウンでは間違った方法による"まちづくり"だったとして都市計画そのものの根本的修正を迫られました。あなたの場合はどのような構想を持ったのですか？

　私たちは、いつも最終的解決法を念頭に置かずにその場所の状況に対処するようにしている。そうしないと、最良の解決法に至る道は開けない。まず分析から始めて、感情的要素は排除する。そこで何が起こっているのかを、常に好意的に観察するように努める。その状況が悲惨だからといって、全部を取り壊すような計画に取り掛かることはしない。

ハレのノイシュタットでは市役所が旧市街にありましたし、もっと典型的事例としてホイヤースヴェルデもありますが、それらでは、旧市街地整備の方策が採られましたね。

　ライネフェルデでは違うと考えた。南地区がなくなれば市として成り立たないことは、誰でも理解できる。人口規模からしても、ライネフェルデ旧市街はいわば村なので、規模的に考慮するわけにいかない。つまり、指導者たちから見れば、南地区の住宅団地が安定しなければ全てが崩れるのは明白だった。

旧市街でも何かやられましたか？

　旧市街部分は、二次的課題でした。あそこは常に安定していたし、私たちが仕事を始める以前にも、リニューアル事業は始まっていた。もちろん、その後の住民の老化で問題が起こる可能性は十分にあった。

当時の社会変革の中では産業構造の変化による痛手を受けることは旧東ドイツのどの都市でもわかかりきっていたことですね？ 旧東ドイツの政治家には、この微妙な問題に話がおよぶのを避けたがる空気があったそうですが。

　状況を詳細に観察することが大切と考えた。1つの大規模産業のために造られた町の運命は、まさにその職場にかかっている。

人々は何によって、歴史的な大変革の状況にあることを認識するのでしょうか？ いわゆる"都市の縮小"という議論は、当時はまだありませんでした。

　比較検討できるような過去の事例がなかったので、常識に基づいて仮説を立てることにした。統計局から明快な統計資料が提出され、テューリンゲンでは人口減少が始まっていて、

オットー・ヌシュケ通り、南地区最初の住居群、現在のコンラッド・マーティン通り

そのカーブは1994年にはごまかしのできない状態を示していた。少子化は住宅の大家にとっては差し迫った問題ではないものの、人口問題の専門家は何が起こりつつあるかを良く理解していた。州の平均を参照して、ライネフェルデに関する結論を出したが、工場閉鎖の影響がとりわけ大きく、他都市に比べて全ての面で脅威が待ち受けていた。

しかし、私は、持ち家の希望者が同時に増えるとも予想していた。このような田舎の事例で、住民の80%が賃貸住宅に住むのは普通ではない。したがって南地区に圧力がかかるのは目に見えていた。たとえば居住面積が拡大したとしても——ちなみに1989年の1人当り居住面積は旧東ドイツで28に38平米を超えていたが——空き家になる住宅を使い切ることはできない。最終的に"南地区の住宅の30%から50%は将来不要になる"という予側を提出した。これが我々のマスタープランの出発点でした。

マスタープランには、予測しない事態に対応できる十分なフレキシビリティーが必要だ。私たちは、長期にわたってぎりぎりまで使える、安定した"コア・エリア"を設定して……。

つまりライプツィッヒの基本計画でいう"強化エリア"ですね。

はい、ライプツィッヒ計画の"開発重点エリア"にあたる地区を私たちは"構造変革エリア"と名付けました。そこは、たとえば発生する住宅需要に対応するリニューアルや、分譲マンションや営業施設へのリモデリングあるいは用途転換など、あらゆるニーズに対応できる、場合によっては取り壊しもできる場所と設定した。確実性を持たない予測に対する私たちの方法は、土地利用計画のフレキシビリティーだったのです。

"不確実性"は計画には付き物です。"成長"が条件となっている場合でも、何らかのフレキシビリティーは求められるものです。

もちろん、通常の土地利用計画も可能性を示すだけで、何が実施に移されるのかはわからない。ただ成長期ならば"予備（リザーブ）"を当てにできる。あれやこれや付け加えながら、忍耐強くだんだんと自分のイメージに近づけていけるものです。しかしマイナス成長期では、建物撤去の際のフレキシビリティーが要求される。全体のシステムを壊さないように、どのコア・エリアを絶対に残すかという問題に集約されるようになる。

私が、多くの都市縮小計画の根本的な誤りだと思うのは、何を残すべきかの議論の代わりに、ただ取り壊すことだけを考えていたことです。

残すべきですか？ それとも残しうるか？ どちらなのですか？

その両方と考えた。残しうるものは予測から大体わかる

南地区マスタープランへの大まかなコンセプト、GRAS事務所、1995年

が、残すべきものは都市計画的な判断が必要と考えられる。最低線を超えると全てが機能しなくなるので、我々はこの最低線をマスタープランで規定した。もともと公共施設の集中する都市的軸と、それと平行するレクリエーション施設と緑の隣接する軸があり、そこを"コア・エリア"とした。そこで何かを撤去すると全体の存亡に影響する。もちろん、そこでも5階建て建物の4、5階部分を除去するとか、それに類似する手法で、計画的な縮小を考えた。"コア・エリア"の都市空間としての一体性は崩さないこと、このことが私たちの方針でした。

あなた方が作業されていたころ、建物撤去への資金援助はまだなかったのですか？

少なくとも、現在"旧東ドイツの都市改造プログラム"で行われている仕組みは、当時はまだ存在しなかった。私達は、最初の建物撤去を都市計画的整備事業として全く別の補助金で実施した。[*2] 負債の免除を伴う正式の"都市改造プログラム"は2001年になってようやく施行されたが、それ以前に取り壊したフィジカー街では撤去建物の負債を払い続けなければならなかった。つまり、WVL社などライネフェルデの住宅会社は、"早すぎた建物撤去"のために"罰"を受けたことになる。

しかし、このプログラムの施行を待って取り壊しを始めたら、今の状態はなかったと思うし、ハノーバー万博の"場外プロジェクト"にも指定されなかったはずだ。万博の翌年2001年には、フィジカー街が完成し、大きな緑の軸も形が整っていた。

あなたの仮説の立て方と解決方法はライネフェルデでどのように受け取られましたか？

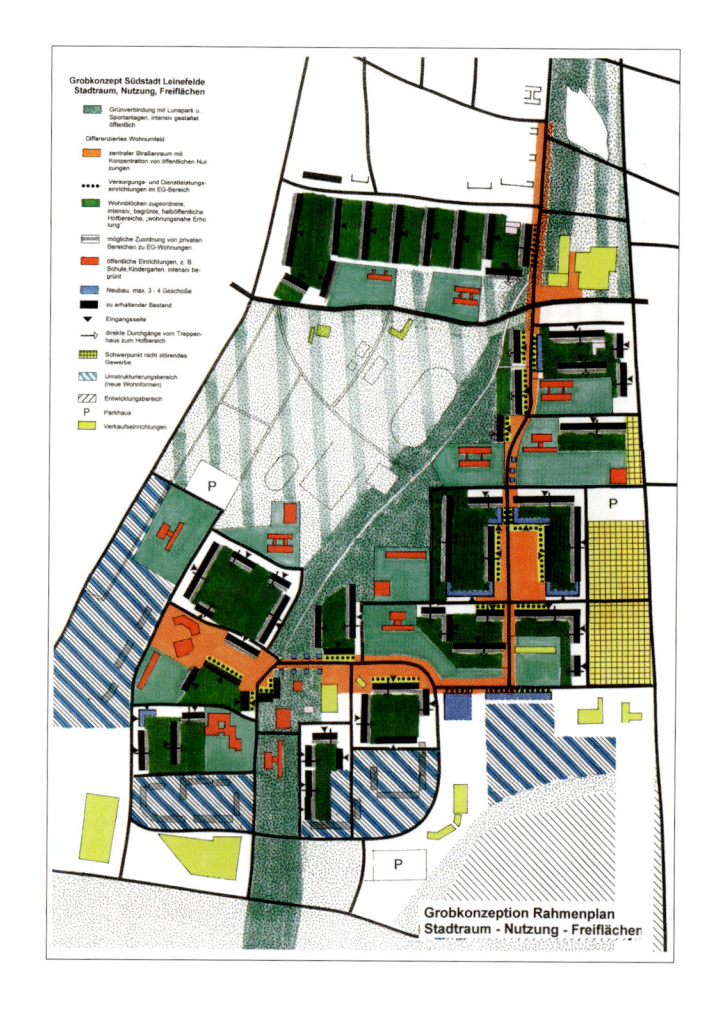

"まち"をいかに縮小していくかが市の存亡にかかっていることを、市長がすぐに理解したのが決定的だった。最初の話し合いで、私は市長に「予測データをどんなに楽観的に解釈したとしても、数年以内には14,000の人口が8,000になる」とはっきり伝えた。数学教師だった市長は、カーブやグラフに慣れていて、南地区に空き家が増える理由をすぐに理

解した。こうした過程になんら直接的な影響を与えられないという事実をどう受け止めるかが次の問題だったが、失われた紡績工場の5,000人の職場がいつか戻るというような希望を市長はその時点ですでに捨てていた。

　市長はとにかく現実主義者だと思う。そこで私は市の人口が1万人を切ることへの対処として、市長に二者択一を迫った。住宅会社のリスクを少なくするために各所の住宅を取り壊し、市民が次第に意気消沈するのを手をこまねいて見るか、それとも、前向きに進路を開きつつ、市に活気を呼び込むか？　私たちはこうした過程でチャンスを発生させるようにし、それを利用することを試みることにした。

　住環境として過密すぎたため住民に嫌われ、そのため最初に空き家が目立ち始めたフィジカー街のようなエリアに広いスペースをつくろう、そして広いグリーンベルトをつくろう。これらは建物の一部を取り壊すだけでできる。

　私達は、縮小後の南地区はどうなるか、を常に念頭に置いて計画を進めたのです。

一般住民の反応は？

　市長はすぐさま、市民に全てを伝えると決意した。計画を効果的に実施するには、議会だけでなく、市民にも真実が知らされなければならない。私たちは教会の集会室でワークショップを開催し、住宅会社や産業側の代表者を含めて、市民と共にこの状況をじっくり考える機会を持った。

どんな雰囲気だったのですか？

　私は、低開発国での経験で、"目標を定めるプロジェクト計画"の手法を知っていた。まず問題がどこにあるのかを関係者全てが知り、問題の認識が同じならば、その対極に目標を設定するという方式です。ライネフェルデでも同じ方法を使った。一般的な状況と人口予測などについて話し合った後で、「私たちはどうすればいいのか？」とたずねたのです。

ワークショップ参加者は市長のように現実主義でしたか？

　それは大変難しかった。住宅経営の問題を計画のコンセプトに組み込むのに2年もかかってしまった。「こことここには資本投下するな！」というのは、企業の自由を侵害するので、彼らも黙ってはいない。それでも合意は成立し、最初の"撤去物件リスト"を1995年のマスタープランに描き込むことができた。

住宅会社はその当時すでに空き家の問題を抱えていたのではないのですか？

　各住宅会社はどこも破産寸前までには至ってなかったが、赤字増加は目に見えていた。しかし、まだ誰も国の援助があるとは考えなかったので、初期の決断は投資・回収の経営的なぎりぎりの判断だった。1994年の住民アンケートで、70％が「近いうちに南地区から出ていきたい」と答えている事実が当時の暗い雰囲気を示している。転出希望の第一の理由がこの暗い雰囲気で、第二がパネル住宅団地の"ゲットー"的なイメージ、第三が住宅自体への不満という状況だった。2001年の調査では、まだ30％が転出希望とわかったが、その理由がはっきり違ってきた。"職場から遠い"が第1位で、次に"持ち家指向"そして"個人的な理由"と変わった。"イメージが良くない"など1994年時の理由は大きく後退し、2001年の調査の際に"都市改造の成果"を採点してもらったところ、"優"か"良"が80％までになったのです。

ワークショップに戻りたいのですが。

　私たちは問題を示し、その解決への課題をまとめ、住宅数の削減と、そのコアになる住棟の判定を行った。ちょうどそのころ、ハノーバー万博がユニークなテーマである"社会変革下でのサスティナブルな住宅地開発"をかかげて開催されることが決まり、これが我々にとって"追い風"になると思われた。この大きな資金援助が期待できる"万博場外展示場"への参加を考えて、我々は市に対して圧力をかけたのです。ライネフェルデの計画を進めるにはさらに"スピードとクオリティー"が必要となると……。援助資金を獲得するには、それに値するものを示さなければならないからです。

圧力？ それは誰に対してですか？

　その第一は当時非協力的だった住宅公社であり、さらに、もちろん住民だった。何かが動き始め、質の高い新しい"まち"ができることを、我々も彼らに示さなければならなかった。そこで建築デザインのコンペティションを開催することにした。当時そこら中にできていた擬似マンサード屋根のようなものだけでは、ハノーバー万博の担当官を動かすことはできないと考えたのです。

ハノーバー万博への対応としてはそうなのでしょうが、大多数の住民は、パネル工法住宅が自分の家と思えるなら、どんな屋根でもいいと考えていたのではないのですか？

　その点では、私の考えははっきりしていた。つまり、改修工事にまとまった金を使うのなら、まず住宅の利用価値の明確な上昇、そして"見栄えの向上"が不可欠だと考えた。利用価値の上昇とはフレキシブルで現代の要求を満たせるような"住戸プラン"です。シューマッハーはネオ・クラシック風のゲートを付けたり、外壁に派手な色を使ったりしたが、住戸プランには全く変化がない。それに、南地区ではパネル工法住宅などなかったかのような解決は決して採用したくないと考えました。

コンペティションは費用がかかるのでは？

　それは、私たちが考えていたとおり州が負担してくれた。当時私が期待したのは、1回しか使えないような"素敵なデザイン"ではなく、"スタンダード"の、繰り返し使える提案だった。それを使えば残りの建物のクオリティーも向上させられるようなデザインです。

残った建物とは？

　撤去した建物以外のものです。南地区では、5〜6階建て住棟をいくつか撤去しても、まだ5〜6階建て建物は相当数残る。それらは、その後、長期にわたって賃貸されるので、根本的に改修してクオリティーを上げなければならない。

　当時の州政府はまだそうは考えてはいなかった。このデザイン・コンペティションでは、残った建物を4階建てに減築する提案が当選したが、金がかかりすぎるので万博奨励物件にはならなかった。援助資金が出たのは、建物の全面撤去と比べて、"部分減築のメリットとデメリット"を研究する組織IfF[*3]からだった。この検証のために、初期の数棟を注意深く解体してみたが、2棟目では、途中で全面撤去に変更した。請負業者が解体方法を知らず、工事見積もりを水増ししたのがわかったからです。

ということは、最近ではもっと安く減築できるということですか？

　明らかに安くなったと思う。もちろん全面撤去でも同様

フィジカー街区に万博客を案内する市長

だ。以前は、注意深く解体するには全面撤去の10倍はかかるといわれたが、現在は倍位ですんでいる。

万博プログラムへ参加とは、建物撤去のためではないのでしょう？ ライネフェルデ・プロジェクトが採択されるにはどんな説明が必要だったのですか？

ハノーバー万博の統一テーマは"人間・自然・技術"だった。私たちのプレゼンテーションは、"自然の中で住み働く"をモットーに進めてきたプロセスが、壁の崩壊後10年を経てどの段階に達したかを示すもので、旧東ドイツ全体へのモデルを提案するという趣旨も含めた。ライネフェルデほど、この差し迫ったテーマを扱っている都市はないという確信があったのです。[*4]

万博場外会場のライネフェルデには何千人もの人が来たのですか？

押し寄せたと言えるほどではないにしろ、たしかに人は来た。それで市の関係者の動きが良くなり、その後の展開にも弾みが付いた。市民たちも、日本の視察団などが突然のようにアイヒスフェルトに登場すると、"まち"に起こっていることの重大性を良く理解するようになった。

来訪した人達はどんな経験ができたのですか？

総合的なインフォメーションは主会場のハノーバーで入手できた。ライネフェルデでは各建物の前にそのプロジェクトの情報を書いた案内板やパンフレットを用意し、個人のツアーもできるようにした。訪問者は専門家だけではないので、できる限りわかりやすくして、専門的なデータも全て私のオフィスで用意した。専門家のためには"ベッドタウンの目覚め"と名づけた会議を企画し実施した。これは、テューリンゲン州内各所の"万博場外会場"をバスで巡るもので、最後にその印象をハノーバー会場で話し合うものでした。

この万博の後は、あなたのライネフェルデでの役目は終わったのではありませんか？ 関係者達はコンセプトに納得してマスタープランどおり進めるようになったし、コンペティションの結果、課題に精通したアーキテクトも集まった。つまり、2000年以降はこうした軌道に乗って進むことになったのでは……？

決定的な基本方針は1995年の市議会で決定されたものだが、プロジェクトを進めるには継続的に現場を把握し、その経過を管理し、細かな意思決定を積み重ねることが不可欠です。あの都市開発コンセプトは2020年までの設定条件で、今後も考えなくてはならないことが発生する。撤去すべき建物もまだ残っているし、60年代建設の街区にはまだバルコニーもないものが多数あるのです。

戸建住宅地についても、まず町の周辺部に計画したが、今

では建物を撤去したエリア内に計画している。部分的に密度の高すぎるエリアができる可能性も十分ある。重要なことは需要がどれだけ伸びるかだが、それもまだ掴めていない。つまり今後10年から15年は注意深く追っていくしかない。それがこういう柔軟な計画の弱みかもしれません。

新しい需要について話されるのは、谷底は過ぎたということですか？

いいえ。人口はまだ減ると思う。最初に根拠とした予測はかなり正確なものだったが、現在では少し状況が変わってきている。先年の自治体統合で成立したライネフェルデ・ヴォルビスは、2つの町と7つの集落の集合体であり、その計画も必要になってきている。つまり、新しく生まれた発展可能性をどう分担するかの検討です。

産業を誘致することだけではなく、2003年以降のライネフェルデ・ヴォルビスの周辺の村や町での人口減少も射程に入れなければならない。つまり、"壁の崩壊"の後に出身地へ戻った"元ライネフェルデ住民の回帰"が期待できるようになった現在、彼らをいかに受け入れるかを考えなければならないと思う。

ある"まち"の中のあちこちで"いろいろな変化"が発生するのは、実はまったく正常なことです。何も起こらなくなったときの方が、実は問題です。

ライネフェルデのような新しい"まち"の場合には、この"正常なこと"に慣れなければならない。同時期に建設された建物の全ては同じ所有者に属し、改修やリニューアルや減築も、一斉に進められてきたことが異常だった。しかし今では、こうした"同時性"も崩れようとしているが、それも私たちが目標としてきたことの1つだった。近い将来には、個人や小規模組織の資本投下やデベロップメントも可能になると考えています。

あなた方のコンセプトで、たった3つの住宅会社を説得するだけですんだのは、やはり助けになったのではありませんか？ 交渉相手が多くなるほど、より良い計画の遂行が難しくなります。

そのとおり。何百何千という個人所有者を相手にする……など考えたくもない。ただ、私が"同時性"の観点で批判するのは、関係者の数とは無関係です。すなわち、住宅所有が一組織に集中している際の問題は、たとえば住戸改修の際、所有者が一度に全部を同じ図式でやろうする場合に起こるだけです。ライネフェルデでは、説得に時間をかけて、各住宅会社ごとに異なるコンセプトの住戸改修を進めてきました。

ところで、市内の住居が大きすぎたり家賃が高すぎたりするので退去せざるを得なくなる"長期失業者"の受け皿として、多くの町ではパネル工法住宅団地に急に人気が出てきています。こうした見地から、南地区の新しい方向を再度検討してみる必要がありませんか？

アイヒスフェルトには、失業手当受給者が転居しなくてすむよう手を尽くすという申し合わせがある。難しいのは長期失業者だけではない。どこにもいるやっかいな店子で、南地区にもこの問題が増えているエリアがある。そのために、安い家賃にできるよう、最初から手の込んだ改装をしないという住棟もある。ただ、そういう街区では住棟がゲットー化しないよう、隣接させず、分散配置することにしています。

この10年の間にあなた方のマスタープランは実現され、非常事態は回避されました。ライネフェルデでの大事業は終わった、と言えるのでしょうか？

　いいえ。部分減築も終了したが、建物の撤去は2010年までは続くでしょう。ヴォルビスとの合併にもかかわらず人口は漸次減少していて、2020年までの予測は疑えない。何も変わらないという意味での安定性を得ることはできないが、現在撤去予定の建物が2010年までに終了すれば、南地区はそれ以上縮小できないという状況になる。現存する都市インフラにはそれなりの最低人口が必要ですから。今後は、残ったものや残すものをいかに配分していくかが大きな課題となる。ヴォルビスにある2つの小さなニュータウンでも今になって空き家が出てきています。

それは"産業の構造変革"の"余震"のようなものですか、それとも"人口の空洞化"とも呼べる新しい波なのでしょうか？

　後者でしょう。私たちはこの新しい状況で、産業と結びついた南地区だけでなく、将来の居住地がどうなるべきかを模索しなければならない。ライネフェルデの旧市街はどうなるか、ヴォルビスは、合併した7つの村は？　全体人口が減少すれば、何らかの選択をするしかない。すでに小集落での行政サービスはなくなりつつあり、多くの人が都市部へ戻ってくるはずで、テューリンゲン州のこの傾向を示す最初の調査結果が出ています。

　そうなると、車の運転や家や庭の手入れができなくなった老人の問題が出てくる。その意味からも、ライネフェルデ・ヴォルビスの都市機能を安定させ、この地域の行政サービスを確保することがより重要になってくる。南地区に何かをさらに持ち込むことは、都市中心部の強化と矛盾するので、中心部の安定のためにも南地区には戸建住宅を増やすことを提案しています。

プロジェクト説明書には、南地区の歴史的な歩みがまとめられています。かつての"村"から東ドイツの"産業都市"を経て今日の"ベッドタウン"になり、さらにその"ベッドタウン"から"未来の都市"をつくろうと書いています。"都市"とは、あなたにとっていったい何なのですか？

　都市計画では、常に何らかの目標がかかげられる。私たちは"職住ミックス"の"都市"をイメージした。初期段階では、南地区に産業地域を設定することさえ検討した。良く知られるような"内発性（内在するポテンシャル）"[*5]を喚起できるよう、建物解体後のパネルを利用する"起業センター"の構想や、"シリコンバレー"にならった"空いたガレージ"を提供して起業家を援助する計画です。空き家はいくらもあったが、起業の意志を持った人が登場せず計画は没になった。ある町の持つポテンシャルをプランナーのイメージで変えたりできない、ということでしょう。

あなたの取った施策は、グリーンベルトの形成のために建物を撤去し、"まち"の密度をまばらにする方向でした。"公園都市"とか"田園都市"のイメージがあったのですか？

　そうした概念は違う脈絡で使った方が良いと思う。"産業都市開発"時代のライネフェルデなら"社宅団地"と名付けることもできた。しかしいわゆる"ベッドタウン"としての性格がはっきりしたのは、ベルリンの壁の崩壊後にカッセルやゲッティンゲンへの通勤者が増えてからです。

　私は、住む場所を生活の中心とするバランスのとれたもの

万博客への目玉としてのボニファティウス広場、2000年、以前の状態は25ページ参照

を"都市"と考える。もちろん"都市環境"に当然期待される要素はある。それは空間密度であり、かつての南地区のようなぼんやりしたものではない。だから、密度の高い公共空間を集約する一方で広い場所をプライベートな庭にするという"対極化"の戦略を採用したのです。このことで通行人が増え、通りにも都市的な活気が生まれてきました。

しかし、場所によって機能を欠く"都市軸"よりグリーンベルトの方がずっと印象的にでき上がっているように感じますが……。

ライネフェルデに古典的な"ヨーロッパ都市"の空間密度を期待するのはそもそも無理です。既存の空間構造からも需要の可能性からも不可能であり、南地区は"住宅団地"に過ぎない。ただ、自分たちとしては都市的な雰囲気とクオリティーのある住宅団地にしたかったということです。

あなたはプランナーとして世界を股に掛けて仕事をしています。常に変化する予期せぬ状況に、どうすればオープンに対応できるのでしょう？

新しい場所を把握し、そこに秘められているものを理解したい専門的な好奇心だと思う。しかし、どこかで使ってみたいと一定のビジョンを持ち歩くことはしない。いつも、ある場所が持つものや必要とするものを感じ取りたいと思っています。

あなたはどこまでも寛容でいられますか？ それともやっぱり、まったく陳腐で、完全な失敗を見ると、怒りを爆発させることもあるのですか？

たとえば、ボニファティウス広場のデザインを例にとれば、教会に登っていく階段やスロープはやはりやりすぎだったと思う。あそこではライネフェルデ南地区全体に引かれている直行グリッドを斜線で遮りたかった。しかしでき上がったものを見ると、既存の秩序に対抗する必要性を全く感じない。全てを変えようなどと思っていたのが不思議です。何かを付け加えることで空間の新しい解釈を促したりもできたのに。

他のプランナーや建築家は、あなたの仕事から、小さな"当り"が飛び出すのを期待しています。そういう小さな解決法で満足していても"クリエイティブ"と感じるのですか？

ある形を違う形にするのもやはり造形でしょう。デザインとは、より良い質の新しい状態を目指すもので、その形を見付けるほどエキサイティングなことはない。その際、私が大事だと考えるのは形のアイデアより使用者の立場で見ることです。都市空間のデザインでは、そこでの活動をイメージする。人々がその空間で、私が考えたよりもずっと多様な行為を起こすことを期待します。

そういう楽しみは減築の際にもあるのですか？

同じようにわくわくします。減築では新しい空間関係が生まれ、基本的なつながりに変化が起きる。新しい価値が生まれることもあれば失敗することもある。6階建ての建物を3階に減築すると、たとえば建物の間の緑地は全く違う意味を持つようになります。

しかし、何も残らなければただの芝生ではありませんか？

減築という方策が、単に"自然を取り戻す"ためでなければ、ただの芝生にはしておくことはしない。ボニファティウス広場の後の建物を撤去してできた大きな空き地は、新しい用途に転用できる場所だと私は見ている。これをただの原っぱとして残すつもりはないし、いずれ使うチャンスが来るのを待つ、ということです。

"秩序ある退却"が使命だったのでは？

私にとっての"秩序ある退却"とは、芝生面を作るだけでなく、それ以上のものです。住民が月の表面に置き去りにされたような気持ちになることは避けなければならない。ただの芝生ではだめだと思う。サッカー場でもわんぱく広場でもいい、何かが起こる場所が必要です。ランドスケーピングした区画や野生のままの花園でも良い。そうすれば見た目にきれいだし、後日何か建てるのも問題がありません。

ところで、大学を出てくる次世代には、あなたが現場で苦労して得た経験や方法への備えはできているのでしょうか？

何を学べるかは大学によって違います。デザイン重視の大学の卒業生は、現場でも"自分はアーティストだ"という意識を捨てられない。自分自身の実務の経験から言えば、若者も現場での実際の経験をとおして敏感になる。私の場合も同じだった。ランドスケープアーキテクトとの密接な共同作業の中で、空間プランニングのエコロジカルな面を学んだ。その経験がなければ、解体後の建物部材を利用することや、生まれた空き地のエコロジカルな処理には考えが至らなかったでしょう。

実際のデザインが進むとき、やはり有能な建築デザイナーがいたほうが気が休まるのでは？

それは当然です。普通この仕事は社会学や地理学分野の人が担当しますが、自分は建築出身なので、やはり造形的な部分が気になる。仕事の結果が"形"になるのを意識することが多い。それに、都市計画は、建築設計よりもっと複雑で、ずっとエキサイティングに進行する。社会学や経済学、生態学、都市史、美学その他もろもろの分野と関係し、状況によってその関係も変化する。つまり、複雑な関係を認識し、処理し、納得できる解決を導く。ライネフェルデ・プロジェクトを例にひけば、急激な変化に対応して、様々な変化の後も常に出発点に戻れるプロセスを持続させて進めるということだった。その際の自分の役割は、住宅会社や建築家そして住民をこのプロセスに深く巻き込むこと、そこに私個人のプランナーとしての楽しみがありました。

最後にもう1つ、イデオロギー的な質問かもしれませんが、あなたの経験に照らして、現在の住宅団地、つまり机上で計画され、供給されたハウジングに未来はあるのでしょうか？

この種のハウジングには多様性がある。たとえばライネフェルデ南地区の空間構造は、新しい形に変化できるだけのポテンシャルを持っていた。それがもし、丘陵地などでよく見られる線形のハウジングだったら、そうした再生はほとんど不可能だっただろう。

単純化して言えば、再生の苦労が実りうる構造を持つものもあれば、限りある予算ではサスティナブルで魅力ある町の再生は不可能なものもあり、場合によっては、そのまま放置した方がいいケースもあると思う。

いずれにせよ、1人もしくは少数のクライアントの管理するハウジングからは"まち"は生まれないと、自分は確信している。そういう場所のモノトーンさはひどいものだ。ですから、新しいハウジング地域計画では、決定の際できるだけ多数の人に参加してもらうようにしている。

もう1つ、旧東ドイツのプランナーたちは全く違う空間的理想像を持っていた、と言えるのでしょうか?

模型でしかわからないような構造にどんな意味があるのでしょう。私は、たとえば日常の生活空間はどう体験されるのかなど、常に住民の視点を重視します。そこでは"ニューアーバニズム"*6が標榜する"形の遊び"は何の役にも立たない。"空間体験"というとき、ファサード・デザインなどではなく、もっと根本的な、たとえば狭さ広さ、静けさや活気といったコントラストを作り出したい。それは大規模なハウジングではまず不可能で、そのことが、現在中国での仕事を引き受けたくない理由です。

中国では、数週間で1つの百万都市を設計してしまう。都市の成長には時間がかかります。エリアの細部まで考え抜かれた有名なブラジリアやシャンディガールの理想形態を見るとき、それらの大都市は、プランナーに過大な要求が課せられた結果なのだと思ってしまう。

今中国で仕事をしている多くのあなたの同業者は、やはり罠にはまったわけですか?

そういう理想都市計画はひどいものです。ここヨーロッパで過去数十年強烈に批判された傾向が再現しているのに誰も気づかないことも不思議だ。ブームの中で分別が付かなくなったのかもしれないが、ヨーロッパではその時代は過ぎたのだとかえって安心することもある。住宅不足への早急な対応ではないので、量より質を考える余裕がある。つまり今、私たちには必要な時間があるということです。建物はあるわけですから、場合によってそれをどうするかを考えればいい。

あなたは、パネル工法住宅団地について、その成立から根本的に疑問視しながら、ここでは、それがよりにもよって理想的な計画の前提になっているわけですね。

ライネフェルデは、プランナーとしても稀にしか経験できない幸運だったと思います。

インタビューは2006年6月5日と13日に行われた。

* 1 この連邦全体が対象となる援助プログラムは1993年から2005年まであった。
* 2 "都市計画的整備措置"は援助の対象となるが、都市改造プログラムのように全額ではなく、25%の自治体負担が条件となる。ライネフェルデの場合、この分は住宅公社が負担した。
* 3 ワイマールのプレハブ建築技術研究所
* 4 ライネフェルデ以外ではワイマール・ノルド、イエナ・ロベルダのニュータウンが万博場外展示場に選ばれた。
* 5 自分の故郷となる場所を自分に内在する力で開拓していく能力を持つ人間を指す、社会学の用語
* 6 並木道や円形広場、マーケットプラザといった古くからなじみのモチーフを使い歴史的な町の再現を試みる都市計画の新しい傾向。もともとはアメリカでの都市計画改革運動として始まり、この数年ヨーロッパでも新しい伝統主義として広まりつつある。特にオランダでよく見られる。色とりどりの要素で多様性を演出しているが、通常この種のものは、開発業者の手で設計された"都市もどき"と言える。

シュミット氏は語る
──旗艦を州は支えた

テューリンゲン州内務省前建設住宅局長 W. シュミットに聞く

　アポイントをとるのが難しかった。定年後、よく旅に出ているとのこと。髪はグレーだがスリムな姿で年は感じられない。1936 年ベルリンの北、ショーフハイデに生まれたシュミット氏はワイマールで建築を学び、そのまま住み着く。1962 年から、かつてのエアフルト行政区で農村計画に携わり、主事代理まで昇りつめたが、東ドイツ建築政策の意味を信じられなくなり、1988 年に研究者に転身、ベルリンの壁崩壊のときには母校・バウハウス大学で再教育研究所にいた。

　1990 年の自由選挙の際、キリスト教民主同盟（CDU）から人民議会議員となった人の下でシュミット氏の政治家的活動が始まる。ドイツ統一後、議員の EU 政府出向に伴い、シュミット氏は計画畑の専門家としてエアフルトに新設の建設局に招聘され、1993 年には本省の住宅局長となり、2 年後に次官に昇格した。2002 年の定年後は、ボランティアで 1 年働いた後、正式にリタイヤーした。

W. キール

シュミットさんが 1991 年にテューリンゲン州政府の仕事に就かれたとき計画業務は内務省管轄下でした。州政府は建設局あるいは建設省なしでもやれると思っていたのですか？

　この州の建設交通局は、2004 年の秋、新政権になってからできた。我々の部署は、初めに内務省に所属し、その後経済省、そして現在は再び内務省になった。まあ、都市計画・住宅局は"偏愛"の対象で、政権が変わるといろいろいじられる。我々は膨大な補助金を扱うし、起工式、竣工式と派手にアピールできるので大臣たちはぜひ自分の下にと考える。それに、経済省所属当時が一番すごかった。地域、都市、住宅地の計画から交通、エネルギー、産業開発と願ってもない組み合わせだった。もっと仕事ができたのにと思う。

権力と専門知識がそういう風に集中しているのがいいと？

　しかし、条件付きです。再建が急務だった当時、膨大な決定を迅速にする必要があった。都市計画と地域計画そして交通計画は密に連携し進めざるを得ないが、これを 1 部局の気心の知れたチームが大臣か次官の指揮の下でやるほど効果的なものはない。

そのやり方は、"前世"にエアフルト行政区建築主事として十分経験されていた……？

　現在のテューリンゲン州は東ドイツ時代 3 行政区に分かれていた。ワイマールには、エアフルト行政区の国土計画（今の地域計画）を主任務とする設計部があり、そこは都市、農村、住宅地の設計も担当していた。学生時代から農村に興味のあった自分は農村の計画と設計を担当した。地域計画部が

分離された後は、行政区の建設事務所だけが残り、壁の崩壊まで続く。この事務所が閉鎖になる2年前に私はそこを辞し、ワイマールのHAB*1で博士研究に取り掛かったが、その研究テーマへの回答が壁の崩壊によって出たわけです。

その研究テーマとは何だったのですか?

西ドイツの建築法規の何を、どういう形で東ドイツ圏に適用できるかだった。旧東ドイツ時代は、拙速に多量の決定を下すという中央集権システムだったので、他の国々に一般的な計画の慣習から遠ざかってしまった。だから、たとえば建築施工図的精度を要求されるB–プラン（地区詳細計画）の拘束をもっと緩和するとか、もっと制約を減らしたいという声も出ていた。私が目指したのは、こうした時代の多様な状況に適用できる"橋渡し的"な規定だったのです。

1990年に博士論文の夢は消えましたが、次に来るものに対して最高の準備でしたね。

たしかに、それが大きな強みになった。私が顧問をしていた、1990年の自由選挙選出議員が91年にブリュッセルのEU議会に出向となったとき、私がここに残ると決めたのはそのためだ。というのも、当時のテューリンゲン州政府では、四半期単位で"開発支援専門家"を西ドイツ、ほとんどバイエルン州から採用していたが、そろそろ地元の人材に切り替える動きが出てきた。特に計画の業務では現場の知識が無視できないこともあり、私の昇格につながったのだと思います。

ライネフェルデですが、行政区建築主事として工場と南地区の計画に携わりましたか?

卒業制作で農村計画をテーマにしたので、地域計画課では、ハイリゲンシュタットとヴォルビスのアドバーザーに任命された。だから両地域については良く知っていたが、ライネフェルデの重点工業都市化は私が事務所に入る以前からから進んでいて、開発ガイドラインはすべて中央で決まっていた。

つまり、"ドイツの貧農地域・アイヒスフェルト郡を工業化によって近代化し、カトリックと大地にへばり付くようなライフスタイルを外部から労働者を送り込むことで撃退する。"というモットーだったから、量産住宅による"プロレタリア・ライフスタイル"を誇示することは当然とされたのです。

当時、それほど明確になっていたのですか?

はい。"アイヒスフェルトの労働者階級の強化"は当時普通に叫ばれていた。それに"女性の役割"も叫ばれた。テキスタイルコンビナートは、女性労働者が多数を占めるので、自覚自立した職業婦人という新しいモデルの形成にはぴったりだった。男性の職場の方はカリ鉱山*2やドイナの新設セメント工場、あるいはニーダーオルシェルのベニヤ板工場など十分にあった。そうした状況を詳しく知れば、アイヒスフェルト郡の工業化政策は十分意味があったと言える。もちろん産業と政治は常に結び付くものだが、特にここではその目標も深く絡まっていた。

自分は、ライネフェルデの計画と実施に直接関わらなかったが、そのプロセスは常に観察していた。私自身の日常業務は、住宅建設の課題を国土計画と都市計画あるいは都市工学と地域の建設コンビナート開発との間の調整だったので、工業化住宅の大量建設については詳細まで知っていた。さらに、

ライネフェルデ旧市街、"リンガウ"の牧歌的風景、1965年

都市内で、新宅地開発の適地を探すのも我々の課題だった。その際重要だったのは上下水、エネルギー、交通などインフラだった。電力会社なども、その能力規模を設定する必要もあり……。

ところで、住宅地を具体的に設計したのは誰なのですか？

都市計画は我々の事務所が担当、行政区首都のエアフルトだけがエアフルト市としての計画局を持っていた。都市計画の詳細設計と実施は、当該コンビナートの管轄の下に進められた。ライネフェルデはノルドハウゼンの建設コンビナートの担当でした。

ライネフェルデはあなた方が机上で計画されたとおりにでき上がったのですか？

コンセプト自体はそうだった。ベルリンの壁の崩壊時には、南端の数棟とスポーツやショッピング施設など数棟が未完だった。都市インフラをフル回転させるために、常にさらなる高密度化が計画中だった。ハイリゲンシュタット方面への都市拡張のアイデアさえあったほどだが、[*3] 現在の国道に沿うラインが"分水嶺"で、その線を越えて拡張するには新たに排水システムも必要になるし、経済状態もだんだん悪くなるし……、といった状況で、最後には建材も少なくなった。まず鋼材がなくなり、次には木材が……。

"節約"は旧東ドイツの一貫したモットーでしたが、もうお終いだ、と思われるような切迫した状況を経験されたことは？

空気はどこでも薄くなっていたが、どこまで酷いのかは1990年以前は、誰にもわからなかった。それでも自分は、1980年代の経済状況から考えて、大規模ニュータウンの敷地を探す必要はもうないだろうとは思っていた。そうした状況の中で、巨大なPCパネルを老朽化した旧市街に持ち込むという信じられない方針が採られた。それが、私が事務所を去る決意をした直接の動機でした。

どういうことから旧市街に向かう方針が出てきたのですか？

ある程度機能するニュータウンが都市周辺に形成されると、歴史的な市街地は寂れるという矛盾は、以前から一般的な問題だった。エアフルトでは、人口21万5千のうち、9万人が老朽化した旧市街から周辺のニュータウンへ転居させられ、旧市街は寂れてしまった。それが誰の目にもはっきりしたとき"分散型開発は終了、旧市街の再開発を"というスローガンが登場した。しかし、そのための新しい方法の開発はされず、旧市街のスケール感に多少の考慮しながらの、全てパネルでいこうというものだった。それで都市周辺の緑地や畑地の破壊は終わったが、今度は歴史的な旧市街が壊滅することになった。

ライネフェルデに戻りますが、あそこでは1992年、他の都市の市長達が"市民の転出"の問題には触れないようにしていたとき、すでに市の将来について本気で心配していました。

　ラインハルト市長は素晴らしい分析家だ。彼の予測は生粋のアイヒスフェルト人のものだと思う。まず住民はマイホームを求めてパネル住宅から出ていくと判断し、ただちに戸建用地を市の領域に用意して、少なくとも市民が周りの村々へ"転出"するのを食い止める策を採った。それと並行して、職場の確保に努めた。職場がなければ行政が何をしても住民は出ていく、という判断だった。そこで、残された紡績工場の建物に、何とかして新しい業種を誘致する政策もとった。あの市長の最大の業績は、住宅問題と職場の確保の2つを、即座に同じ比重で扱ったことです。

　市長は自分の町のことになると何者も恐れず、常にエネルギッシュに立ち向かっていた。

ベルリンの壁の崩壊の直後、国や地域の状況について何がわかっていたのでしょう？

　連邦の国土計画局や州の統計局にも、必要な資料はみな揃っていた。しかし、誰も知りたくなかったということだ。再建だ、再建だと言うばかりで、自治体はどこでも建設用地にできる法律をつくる。そのバカさ加減にあきれた私は、何度もボンの本省の役人と喧嘩したものだ。旧東ドイツ地域には、新用途を探さなければならない工場やその跡地、今後埋めなければならない膨大な住宅地が至るところにあるのに、都市の周辺を開発せよと言う。当時、私のような意見の持ち主は"計画経済信奉者"呼ばわりされたのです。

"都市脱出"や"スプロール"は過渡期のテーマとして、人口問題の専門家はまた違う長い目で見た予測を……。

　人口減少の話は、誰もそれに関わりたくなかったので、公の、特に政治的な場ではタブーだった。市長、大臣、首相の誰もが自分の責任にされることを恐れた。政治の世界はそんなものなのだろう。しかし、数字ははっきりしていた。1990年にテューリンゲン州の人口は250万だったが、毎年減り続け、予測にいろいろ違いはあるが、2050年までに100万人の減少を覚悟しなければならないとされている。効果的な家族政策がなされ、旧東ドイツの労働市場が根本的にプラスに変化をすれば変わるかもしれないが……。

労働市場に政治的手立てはあるでしょうが、人口の変化についてはどうなのでしょう。

　その2つが重なると酷い結果になる。長期的に見て有効な明確な方策なしには人口減少に歯止めはかからないと思う。

そしてラインハルト市長は、それを認識しただけでなく、襲いかかる運命に立ち向かったのですね。

　彼は、ゲッティンゲンやカッセルへの通勤者も故郷を捨てたりはしない、というアイヒスフェルト人の気質にかけていた。テューリンゲンでは、以前の国境地帯の失業率が州の平均を大きく下回るのを誰でも知っていた。都市、地域計画担当の我々は、いつまでこれらの通勤者が故郷から通い続けるのかを、不安ながらにずっと注目していたのです。

州の役人のあなた方はライネフェルデについて常に熟知されていたようですが、他の町はどうしてライネフェルデを参考にしなかったのでしょう？

いくつか特殊な点があると思う。まず、ライネフェルデは、特に自治体のネットワークと産業の関係が非常に良く見通しのきく規模です。これくらいの大きさの場合、党派の争いは少なく一本化しやすい。そこで、古代ローマの"護民官"的やり手がボスになれば、その人間はかなり容易に自分の目標を達成できる。その点大きな町では全く違う。いずれにせよ、都市間の情報交換には手を尽くしたのですが……。

州政府として、ライネフェルデに特別な援助を与えたようなことは……？

　そうしてあげたいくらいだった。こういう"旗艦（フラグシップ）"の船出にはできる限り援助したい。それに投資すれば、納得のいく事例をたくさん作れるし、それを示して、こうやればできると言うこともできる。大した金をかけなくても、長い住棟を切り離したり、上階を切り取ることもできると……。パネル工法の住宅団地の再生も机上の空論じゃないんだ、と……。

ライネフェルデでかかった費用は現実的なものであると？

　ライネフェルデでできたことで、他でできないようなことは何もない。同じ援助プログラムがあるので、ちゃんと申請さえすれば誰でも資金援助を貰えた。ライネフェルデは、特別扱いはしなかったが、常に良く練られた申請を期限どおりに提出した。何か問題があったときも、市役所に電話1本すれば片付いた。あそこはまるで大企業のようによく統制が取れていた。もちろん民主的な組織として、という意味ですが。

ライネフェルデでは、国内で議論が起こり援助法案の成立以前に重要な決断がなされています。州などが効果的な対応をするには、何か新しい方策が必要だったのでは？

　テューリンゲン州では、都市開発事業を特別高い割合で援助した。普通ならそうした援助は連邦、州、自治体が3分の1ずつ持つが、ここでは自治体の負担分が2.5%ですむような援助措置も何度か実施した。この場合は州が自治体の分をほとんど肩代わりすることになる。都市整備への投資で自治体が再生すれば、長い目で見て資金の回収が望めるに違いない、と我々は確信していました。

そういう全く新しい分野の経験を話し合える上司はいましたか？

　旧東ドイツの州レベルと連邦政府の専門分野の仲間で常に話合いの場を持っていました……。

でも当時は皆、暗い見通しの話題は避けていたのでは？

　私の同僚たち、つまり行政の人々は違っていた。彼らは状況がどこに向かうかがわかっていた。むしろ問題だったのは、「みんな単なる予測に過ぎないじゃないか！」とバリケードを張る議員たちでした。つまり、この予測に対応する政策を立てても、どうせ任期内の成功は望めないので、政治的には破滅だ、という考えです。

現在でも東ドイツでは、都市計画プランナーの間違った敷地選びや理想像に罪を被せる声が聞かれます。

　私の最初の大臣は、やはりアイヒスフェルト出身のウィリバルト・ボックでライネフェルデをよく知る人だった。彼はできればまず建物撤去から始めたかった人で「あのガラクタをみんな捨てちまえ！」と言っていた。"あのガラクタ"の中には州の3分の1の票田があることが、こちらが教えるまでわからなかった。それに、当時の住民の大多数は、酷い状態の旧市街から抜け出してニュータウンの生活に結構満足

していたのですから。

西側からのプランナーたちは？

　彼らの多くも、基本的には都市政策の同じような間違いの単なるバリエーションを見ただけでしょう。

それではやはり、失敗もしくは誤謬という認識があったわけですね？

　もちろんそうです。かの大臣が望んだことが今日明日ではないにしても、プランナーたちのほとんどは、大部分のニュータウンは、いずれ消滅するだろうと考えていた。ただ、住宅会社などはそうは見ていなかった。彼らにとっての営業上の資産をそう簡単に処分してもらっては困る。なにしろ相当な額の債権だって残っていたのですから。

都市改造では、誰が州の役所の直接のパートナーだったのですか？住宅会社ですか、それとも自治体の計画局ですか？

　まずは自治体の首長、市長で、次に住宅会社だった。市場原理を支配する住宅所有組織を巻き込まなければ、いくら素晴らしい夢を描いても実現は難しい。彼らの駆動力がなければ都市改造は推進できない。ただ、建物の取り壊しが都市計画的に必要でも、壁の崩壊前からの債権の問題が絡んでいると簡単にはいかないという状況でした。

今では、規格住宅のモダニゼーションの事例はそこら中にありますが、その間に"パネル住宅"のいやなイメージは変化したと思いますか？

　私にとって気がかりなのは、地域社会の急激な風化です。東ドイツ時代には、通達によるものでしたが、多くの社会層をミックスしたコミュニティが成立していた。現在これが壊れつつあるのは誰の目にも明らかだ。今後スラム化が進めば、それをコントロールする力はもはや我々にはない。しかし現在の社会構造を見ると、十分な快適さを適正な家賃で得られるパネル工法住宅は、低所得者にとって今でも魅力ある選択肢です。今後、さらに外部空間が整備されれば、ニュータウンは多くの人に受け入れられるだろうし、いわゆる"稼ぎのいいやつ"や若い層にとっても選択肢となるはずです。

最初に指摘された特殊性にもかかわらずライネフェルデを成功例として推薦できるのでしょうか？

　はい、ライネフェルデでの成功はどれも他の都市でもできたことだと、確信を持って言える。もちろん関係者を説得する強い個性も必要であり、問題とその解決について住民や関係者に余すところなく伝え、彼らをプロセスに巻き込み、一度決めたことは長期にわたって守る信頼性が不可欠でしょう。たとえばパネル住宅での実験で見せたような先入観に捕われない性格や、本当に優れた専門家に依頼する挑戦魂があれば、です。

過去の業績を修正したり、消し去ったたりするのはプランナーがしばしば経験することなのですか？

　少なくとも最初のうちはとてもつらかった。当時の都市開発とは、変更し破壊し新しく建てることだった。今破壊している住環境の構築に、どれだけの努力と犠牲が払われたかを知る者にはやりきれないことだった。そんなに古くなったわけでもないのに、消耗部分だけに手をつけるならわかるが、全面撤去だと言う。現在も蔓延するこの投げ捨ての風潮にはついていけない。

あなたの、テューリンゲン州開発に関する中期、長期的な展

美しく牧歌的な村々、この合併されたブライテンホルツも都市サービスが困難になっていた

望を聞かせてください。アイゼナッハ、エアフルトからワイマール、イエナへの都市軸は結構安定していますが、他の地域へ期待されることは？

　地域や都市のプランナーとして、同時に農林省の役人として考えなければならないのは、小規模で老朽化した村落の問題だと思う。どの規模までなら、採算の合う行政サービスが可能か、経営的には切り捨てる方が良い規模は、という問題です。そうは言ってもそこを故郷とする人たちが住んでいるし……。こうした問題はしかしいつの時代にもあったこと。

　そういう小さな村落が、際限なく建設用地を提供するのを防ぐ我々の方策も功を奏しなかった。"自治体主権は侵すべからず"というわけで、西ドイツで経験してきたアドバーザーですらお手上げだった。

　数値を示して、何度説明しても、結局予測できる"悪循環の始まり"を手をこまねいて見なければならない。行政サービスは次第に行き届かなくなり最終的に打ち切られる。通学や買い物などの日常生活にはクルマが不可欠になる。不動産価格はいずれにせよ下がる一方だ。この傾向が現在も進み、どんどん過疎化するこのネットワークを今までどおり力ずくで維持するべきなのか？このネットワークやインフラの維持や整備に向けた善意の資本投下は、実は間違った方向への展開を促したのではないか、とすら思うほどです。

今話しておられるのはライネフェルデのような都市のことではありませんよね？

　違います。人口200から300人の村落で、素晴らしい風景のところで、都会の人達の別荘にもってこいの場所すらあります。その可能性は開発の重要な要素に違いないと思う。

ライネフェルデはヴォルビスと合併しました。その種の合併と行政の再構成で、今言われたような悪循環を弱められるのでしょうか？

　最近よく聞くのは互いに結構距離的に離れた町同士の合併なので、人口を増やして国の援助を多額にするための曲芸ではないかと思う。単なる財政と行政技術上の方策に過ぎず、私の知る限り機能の面での考察もなく、市民の欲求や期待あるいはアイデンティティーとは関係なく進められるようです。

あなたは、集権化に反対の立場に立ち、分散した行政機構を支持されるのですね。テューリンゲン州、ザクセン州、ザクセン・アンハルト州での合併にも同じ考えですか？

　本当はどこでやっても同じような行政機構があるし、州レ

ベルでは、役所業務の合理化などでプラス効果を期待できると思う。しかし大事なことは、市民が自分の町で各種の手続きができるよう、小さな出先機関を作ることだと考える。

　ちなみに、私は"地域の集合体としてのヨーロッパ"推進者の1人で、歴史的に形成されたある地域の住民が、そこにアイデンティティーを見出すならば、彼らが今後うまく発展できるチャンスを与えるべきだと考えています。

　　　　　　インタビューは2006年8月19日ワイマールで行われた。

＊1 HAB Weimar、建築・土木専門学校、1996年、ワイマールバウハウス大学に改称
＊2 閉山に反対する鉱山占拠と何カ月ものハンガーストライキが行われて有名になったライネフェルデ・ビショッフェローベ鉱山。1993年で旧東ドイツのカリ採鉱所は消滅。
＊3 1986年の総合建設計画では、2000年までに、次の2,900戸を建設し、1,870人の人口を予定していた。

けっして楽じゃなかった

B婦人
1930年生まれ、前工場訓練士、現在年金生活

しばらくでも安心できれば

ウテ・エンゲル
1962年生まれ、教育士、現在婦人センター所長

　私は1962年以来ライネフェルデのニュータウンに住む第一世代です。アイヒスフェルトへはザクセンから仕事でやってきた。最初に入った住居に今も住んでいる。この棟は1991年最初に改装されたうちの1つで、改装の結果にはとても満足している。もちろん家賃も上がったが、これだけのことをしたのだから当然でしょう。私のところは住んだままのリニューアルでした。あのときは大変でしたが、いつ、何がされるかなど全て事前に聞いていたから、何とかうまくやりくりできた。日本庭園は外からしか見たことがないが、あの周りもずいぶんきれいになった。ライネフェルデに引っ越しておいで、と人に勧めているほどです。ただ最近、人付き合いがよそよそしくなったみたい。私たち年寄りは、週末など以前のようにみんなでワイワイできる場所がほしい。まあ、駅前の池の周りのプロムナードが完成すれば、変わってくるでしょう。

　両親の仕事で1973年にアイヒスフェルトに来ました。私自身は南地区で何度か引っ越しした。まず子どもができて、その後はあまりついてなかった。私たちが住んでいたハイネ街の住棟は撤去、次のプランク街も。今はガウス街に住んでいるが、ここでは、しばらくでも安心していたい。この家は、電気関係以外全てが新しくなり、気に入っている。家賃もそのままだったし。今《アーバンヴィラ》になっているブロックに住んでいたことがあるが、あの新しい住居の中がどうなっているのかイメージできない。私は満足しているといえます。でも、親密だった隣人関係が壁崩壊以後、薄くなったような気はする。それから文化的な催しがもっとあれば……。でも、ここらのきれいな風景も含めて、ライネフェルデに住むのはお勧めです。

みんなプラス方向に変化した

ミヒャエル・コツァク
1960年生まれ、精密工学技師、現在ソーシャルワーカー

単なる近代化ではなく本当の改造

スザンネ・ムニッヒ
1978年生まれ、保育士、現在育児休業中

　1985年イエナからライネフェルデに来ました。ここはとても若い町で、職場も住む家もあった。3回の引っ越しのうち、最初はリニューアルで、リスト街から出たが、代用住居のロケーションは気に入らなかった。今は町の真ん中、リニューアルの終わったコルヴィッツ街でとても気に入っている。家賃は高くなったが、それだけの価値はある。運良くでき上がった住居に入居できたので、改装工事には巻き込まれずにすんだ。だから、私の要求を聞いてくれる人もいなかったし、改装を担当した建築家たちのことも全く知らない。

　大事なのは、みんなプラス方向へ変化したこと。映画館、パブ、レストランなどを含め、文化やスポーツのイベントがまだまだ少ないのがちょっと物足りない。

　ヴィルビッヒという以前の国境近くの村の出身です。ライネフェルデで就職した両親が1984年に越してきました。私自身の初めての住居はケラー街で、その後家族が増えビュフナー街へ引っ越しました。私たちの家は建築家のフォルスターさんがいろいろな改造を施したもので、家賃は少し上がったがとてもいいフラットです。運良く完成後に入居できた。庭で子どもたちがもっと遊べるような施設があればいいと思うが、それ以外は私たちの要求に応えてくれている。この辺はずいぶん変わったが、住民はほとんど同じなので気がおけなくていい。でも、ライネフェルデに引っ越してくるのはまだどうかと思う、職場はまだまだ少ないし。

ライネフェルデは緑が増えた

ラモナ・ティーゲル
1961年生まれ、ビジネスウーマン、太極拳、ヨガなどの指導免許所持者、ビューティーサロン経営

お隣さんはほとんど変わっていない

レオンハルト・ヘーベシュトライト
1941年生まれ、技術指導者、現在年金生活

　ライネフェルデに恋人ができて、18のときに村から出てきました。最初に住んだのはビュフナー街で、2000年にそこを出て旧市街に近い古いブロックに移った。1994年にもう改装されていた所で、町にも近く良い感じでした。リニューアル後の入居だったので、今まで家賃は変わっていない。ライネフェルデには緑が増えたし、いろんなことが良くなった。でも、失業者も多く、不満の種は果てない。素晴らしい建築は町の財産に違いないが、それで職場やインフラの不足が補えるわけではない。おいおい手は付けられるのでしょうが、カフェーや子どもの遊び場、それからそこここにちょっと休めるようなベンチがほしい。

　アイヒスフェルトの村で生まれ、ライネフェルデには1965年に来た。住宅組合の所有だった家は1990年代初めに、外も中も改装された。工事の間中住んでいたが、残念ながら私たちの欲求全部は聞き入れられていない。家賃は上がったが、今の状態にとても満足している。若い人たちはたくさんここから出ていったが、私のお隣さんはほとんど変わってない。住宅組合の委員をしているので、都市改造には興味があり、新築物件や改造後の住宅なども見て歩いた。散歩のときはいつも、日本庭園を通り、ルナパークやスポーツ広場の辺りを回る。住居も十分あるし、ショッピングやレクレーション施設もほとんど住宅地の中にある。ライネフェルデで住むのはお勧めです。

都市改造のことはあまり考えなかった

ナタリー・ロツニャク、ダニエラ・グローンヴァルト
いずれも 1987 年生まれ、薬剤師助手、保育士見習い

私たちがさきがけです

ダグマー、ペーター・イェシュカイト
1954、1955 年生まれ、戸籍係官、メインテナンス技術者

　私たちはここで生まれ、同じ棟に住んでいる。1998 年に中も外も改装されて、ものすごくカッコよくなった。両親の家だから、家賃がどうなったかは知らない。改装の間中住んでいたので、工事のことは良く覚えている。私たちの望みはどうなったかって？　あまり関係なかったんじゃない。ライネフェルデの都市改造のことはあまり考えたことがない。でも、改造が始まってから、いろんなことが変わってきたのは確か。家も、人も、雰囲気もぜーんぶ。それでもここに引っ越してくるのは勧められない。私たち若い人間にはここに未来がないのがわかるの。

　私達は 70 年代にそれぞれ違う土地からライネフェルデに来ました。ここで知り合い、2004 年に結婚。居所を変えたくないたちで、家族の事情で 1 度だけ引っ越ししたが、それも、同じ棟の中だった。その棟の改装が決まり、自分たちでほかの選択肢を探していたとき、新聞でエアフルトの若い建築家たちの取り壊しパネルを使った実験を知った。すぐにコンタクトを取り、ライネフェルデでどうかとたずねた。パネル工法の住居もそんなに悪いモノではなかったし、それで南地区の端にこの家ができました。私たちはハイネ街でのさきがけといったところです。この住居棟撤去後の空き地にはもっと戸建の家が建つでしょう。一城の主で、町にも近い。我々の年になってくると行政サービスなどが近くにあるのはとても安心だ。もちろんここに住み続けますよ。

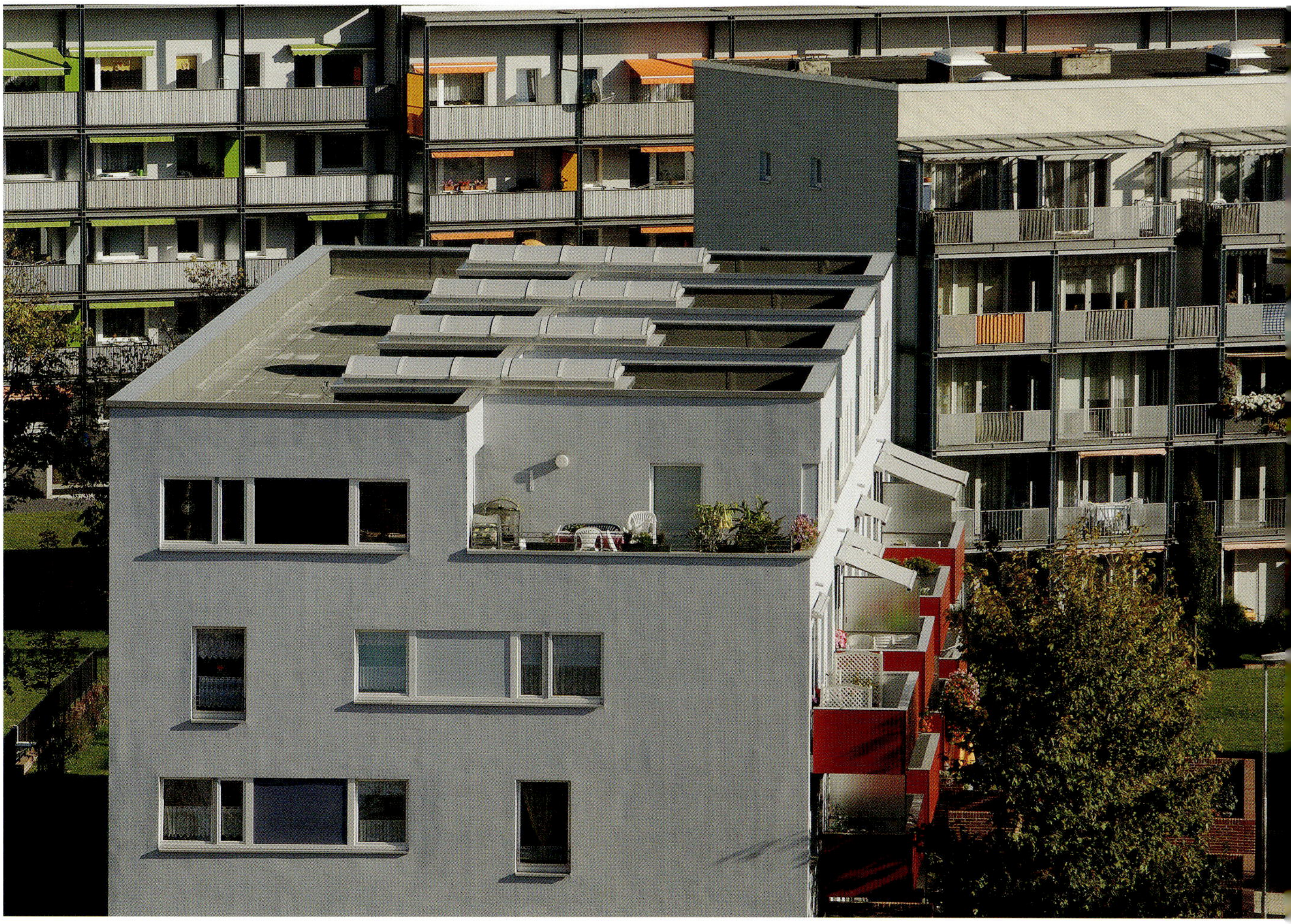

昔のような共用スペースがなくなってしまった。
全てが個人の責任で対処するようになってしまった。
家賃さえ払えばその場所は払った者だけが使えるという具合なのだが……。
パウル・シュミット、住宅組合代表

住宅会社は、住棟の撤去での様々な問題に関わる。
まず、まだ残る住民たちに自主的に転居するよう勧めたり、
引っ越し費用を支払ったり、転居届けの処理だが、
場合によってはある種の補償をすることもある。
バーバラ・ハーン、ライネフェルデ住宅会社社長

ライネフェルデの"まち"は"至福に満ちた者の島"というわけではない。
市が住宅や周辺環境の改善に成功しただけで、
他のどこでも起こっていることが起こっている町なのだ。
マルクス・ハンペル、ボニファティウス教区の前牧師

住宅会社も組合も都市改造計画を十分に理解し、
最終的に多大な成果を挙げている。
最初のころには懐疑的な見方だったが、市が手を尽くしてうまく解決されている。
バーバラ・ハーン、ライネフェルデ住宅会社社長

墜落状態だったが、今やっと水平飛行に移行できそうだ。
ローラント・ゼンフト、市建設局部長

時間が経つにつれて、要求水準も高くなる。
リニューアルされてない街区の住民たちは、
そこはいつ始まるのかと聞きに来るようになった。
ペトラ・フランケ、エリア・マネージャー、南地区オフィス主幹

各地のソーシャルハウジング、特にその集合住宅には各種の変革の跡が見える。
住宅地全体は目に見えて変化し、
"田園都市"だ、"ニュータウン"だ、"新開発住宅地"だと言われていた場所が
"普通のまち"つまり都市の一部になったのが多くの都市で見られる。
イリス・ロイター、都市計画家・博士、ライプツィッヒ在住

南地区の変化によって、外からの見る目にも変化が生まれてきた。
そこはすでに旧東ドイツ時代の住宅の寄せ集めなのではなく、
"新しい町"になったことが、車で通り過ぎる人でも見て取れる。

ペトラ・フランケ、エリア・マネージャー、南地区オフィス主幹

シュトルム通りの8階建て住棟が不動産業者の手に渡って、
その会社が結局破産してしまった後に、
住宅1戸が1万ユーロで個人に譲渡された。
我々の計画では、そこには手を付けられないことを覚悟しなければならなかった。
あれがほんの一部だけのことだったのが市にとっての救いだった。
ローラント・ゼンフト、市建設局部長

南地区のボニファティウス教会は1993年に完成した。
教区の信者は4,500人だったのがその後1,200人に減少し、
旧市街の教区と合併することになった。
南地区の貧しい住民層では南地区だけの教区の経済的な存続は難しかったのだ。
マルクス・ハンペル、ボニファティウス教区の前牧師

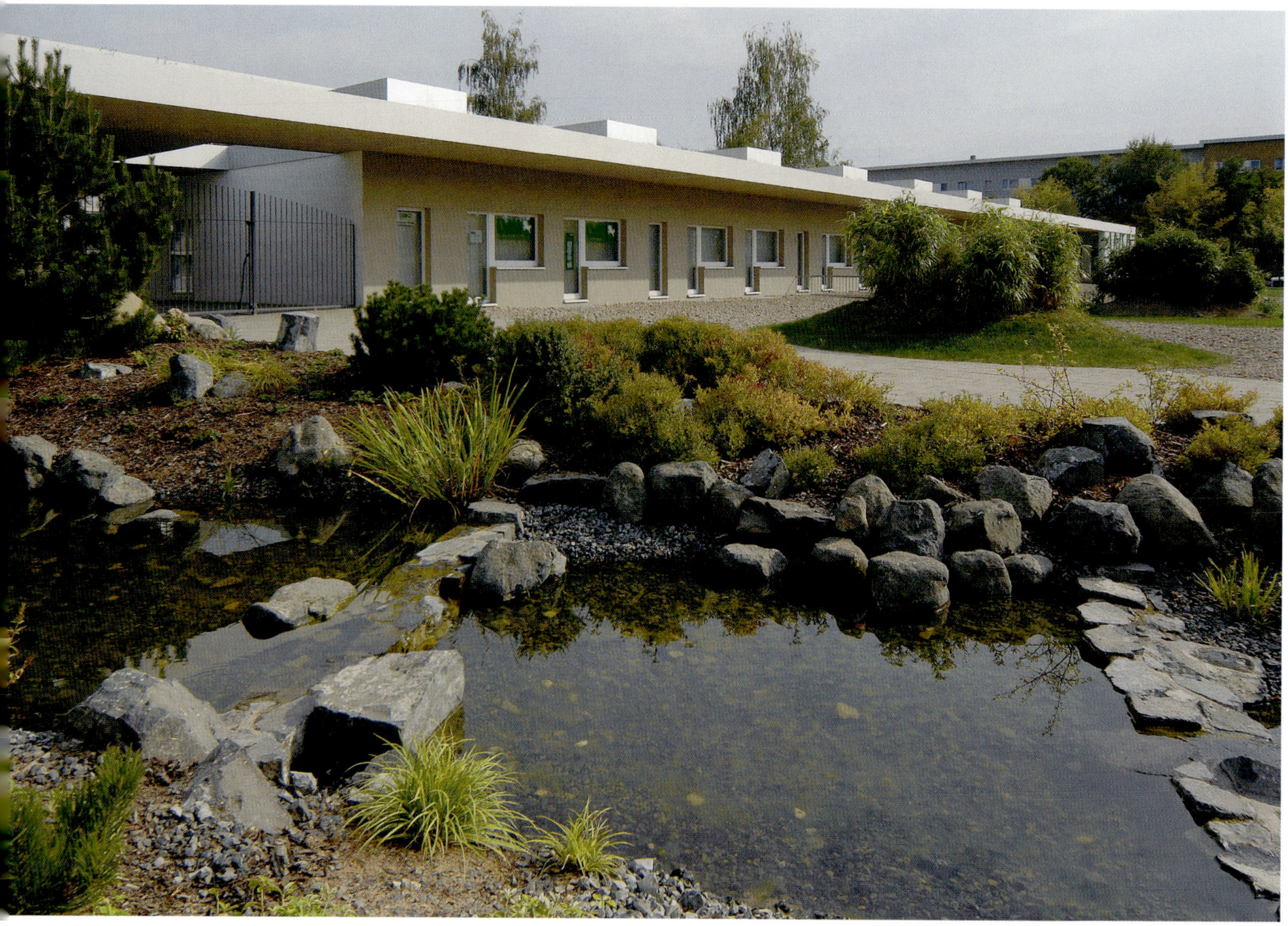

日本庭園を訪ねて想う

ウルリケ・シュテーグリッヒ

　雨の青さ、木々のつくる影、赤やオレンジのつつじの花、黄色、茶色、黄土色や緑色にあふれている日本庭園である。何も知らずにライネフェルデの南地区を訪れる者は、パネル工法の住棟が囲むこの一画に予想するのはきっとゴミの山、物干し場、子どもの遊び場だ。

　誰が、こんなエキゾチックな秋の錦絵に遭遇できると期待するだろう。水の流れが池にそそぎ、丘の間を小道があずま家へと誘う。石と草木がなだらかで美しい景色を作っている。日本庭園のある町は少ないのに、よりによってこの小さなライネフェルデに……。

　6階建ての建物に囲まれたフィジカー区の真ん中、ハーン通りとヘルツ通りの間にあるこの庭園はライネフェルデの誇る宝物なのだ。私の訪れた日の朝、庭園内はまだとても静かで、周辺の窓からヒップホップの響きが聞こえる程度。ベンチや水のほとりには誰もいない。秋の天候のせいなのだろうが、雨音はしないが、水に浮かぶ枯葉に雫が落ちるのが見える。そして、だんだん雨脚が強まるのが水面に見える。すぐの街角のパン屋に客は誰もいない。パン屋の主人が裏から入れたてのコーヒーを持ってきてくれた。この店は100年前から家族経営でやっているという。この主人は、最近ライネフェルデと合併したヴォルビスに住み、店に通っている。「時々引率された学校の生徒たちを見るが、それ以外には日本庭園にはあまり人は入ってない」彼自身も入ったことがないと言う。どうして？と聞くと、ただ肩をすぼめて見せた。

　雨がいよいよ強くなってきた。近所に住むSさんが7歳の孫娘のマリアと団地センターの庇の下に雨宿りしている。2人はフェンス越しに日本庭園を見ている。この3年前からSさんはこのフィジカー街の改修住居に住む。毎日、自宅からこの庭を眺めることができて幸せだと彼女が言う。「この庭も、市長さんのアイデアだった、皆、市長さんのアイデアには感謝しているわ」

　その日、ラインハルト市長はアイヒスフェルト・ホールにいて、大そうご機嫌だ。ホールには次第に客が詰めかけている。今日はライネフェルデが"ランド・オブ・アイデアズ"の1つに選ばれたのを祝う日なのだ。2006年度の連邦政府とドイツ銀行を中心にする経済界の主催するコンクールで受賞したのだ。この年は1,200件もの応募があり、ライネフェルデが優秀賞の1つになったのだ。その受賞式をそれぞれの町で、1年にわたって祝うが、この日10月19日が、都市再生事業で今までいくつもの賞に輝いたライネフェルデに"ランド・オブ・アイデアズ"賞が与えられる日なのである。

　市長はドイツ銀行の代表者からトロフィーを受け取り話し始めたが、次第に熱気が入り、所定の時間を超える大演説になった。ベルリンの壁の崩壊の後、いかに多くの職場が消滅したか、南地区には空き家が増え続けたか。どうすれば市としての"秩序ある退却"を遂行できるのか？そして最初の住居撤去の際に流した"涙"のこと、など、など。

　「しかし我々市民は何をしなければならないか、直感でわかっていた」と市長は結ぶ。

　そして今やライネフェルデは自信を持ち活気ある繁栄を見せているのだ。

　ちなみに市長はいつも言っていた。「日本の人たちがこのまちに来て、写真を撮っていくようになれば、それは我々の勝利の証しと言えるだろう」

たしかに、ほとんど毎年のように日本人グループが南地区を訪れるようになった。その中に明治大学の澤田教授もいる。彼は長年にわたってライネフェルデの団地再生動向を観察してきた研究者で「日本においても団地再生は重要な社会的課題なのだ」と言う。澤田氏はこの祝賀会で講演し、お互いの交流と研究成果に触れながら、この友好を象徴する日本庭園が、新生ライネフェルデのアイデンティティーの形成に寄与するだろうと語った。

　桜、もみじ、ぼけなどの木々。緋色、オリーブ色、黄土色。日本庭園のフェンスの向こうでマリアは水溜りの周りを飛び跳ねて遊んでいる。

　60年代から70年代には、新しくできたセメント工場や織物工場に就職するため、多くの若者がライネフェルデにやってきた。彼らのために建設された南地区団地に入居したのだ。マリアのおばあさんであるS夫人もその1人で、住宅公社に職を得て1971年に越してきた。ところが彼女も、住んでた家がベルリンの壁の崩壊後、撤去されることになり、引っ越しせざるを得なかった。全てが変わったのだ。

　その時期、次々と空き家の増えるパネル工法アパートの町の再生というプロジェクトでは、フィジカー街区は初期に着手されたものの1つだ。そこに住むS夫人は、この社会変革の経験者であり、ライネフェルデの実験の生き証人なのである。今、私とS夫人はアパート2棟が撤去されて生まれた広い中庭に立っている。日本庭園が作られたのはこの中庭だ。1棟は1階部分だけは残されてライネフェルデでも魅力ある建物の1つに再生されている。

　日本庭園に面した場所に団地住民の集会室があり、南端にはライネフェルデ住宅公社がある。この4階分を撤去してできた低層建物の、以前の階段室の部分にはトップライトが設けられて、オフィスの廊下には日の光が降りそそぐようになっている。

　S夫人は、「改修した住宅でも家賃が安いのでありがたい。隣の奥さんは生活保護を受けているのにいつも親切にしてくれる。大変だと思うけど……」と話す。

　ラインハルト市長が2000年この集会室で日本人のグループと会合を持ったとき、集会室の前にはだだっ広い空き地が見えるだけだった。当時この地域を担当した建築家は、撤去した建物の部材から砂利をつくり、それを敷き詰めてこの広場に"過去の記憶"を残そうとしていたそうだ。

　ところが住宅公社を日本人グループが訪問した際に、この低層建物を見学し、メンバーの1人の渋谷氏の目に明るい階段室に置かれた鉢植えの竹が留まったという。この広い空き地に日本庭園を作るというアイデアが浮かんだときだという。アイデアマンの市長はこの提案にすぐに飛びついたのだ。

　すでにそのときライネフェルデでは"不可能なことはほと

んどない" と言えるほどになっていたのだ。追い詰められた者が背後の壁から逃れる方法は2通りしかない、なすすべもなくそこに立ち尽くすか、市長のように市民の前に身を投げ出すか、なのだ。"ライネフェルデには、最善のものがちょうど良いのだ" をモットーに、退路を絶って前に進むのだ。

　子どもの遊び場やベンチや緑地ならどこにでもあるではないか。要らなくなった住居の代わりには、日本庭園が最善だ。
　澤田教授と渋谷氏は、日本万博協会とコンタクトを取った。この協会は1970年の大阪万博での利益を基金とした日本文化紹介の事業を世界各地で展開し、資金援助している。テューリンゲンの小都市もこの援助を受けられることになり、2001年には起工式を行い、2002年5月には、日本から持ち込んだ酒とテューリンゲン・ソーセージでオープニングを祝った。
　「この庭園は、ドイツと日本が同じ目線で交流する場でもある」と澤田氏は言う。庭園の入り口のプレートに「"変化"とは"変化するもの自体の価値"と捉えてみる意味がある。ライネフェルデ南地区の再生ではそれが象徴されている。たとえパネル工法建物を解体しても、それを資源と見ることを重要視し、そのリサイクル資材を日本庭園でも利用している。コンクリートパネルを砕いたものが公園の下地に使われている」と記されている。このことは、楓や桜の木の下に、個人的な住まいの記憶が社会主義国家建設の理想と共に眠るということになる。
　ライネフェルデの団地再生戦略は今や周辺部から中心部へと移行し、この空き地となった部分を自然に戻そうとしているのだ。庭園入り口のプレートには、さらに「日本庭園は禅の哲学に従って構成され、内なる真実を求める瞑想のためのものである。設計には借景の手法が取り入れられている」とある。
　もみじの紅葉、杜松の木、松の緑。雨は止んだ。
　S夫人は、誰もいない日本庭園を見ながら話を続ける。ベルリンの壁崩壊の後、織物工場では4,000あった職場は2,000に減り、セメント工場でも1,700人だった従業員が100人足らずに減った。失業、住民の転出、空き家の増加、その中での団地再生事業だった。「残念ながら、このきれいな庭を楽しむ余裕は誰にもなかったのかもしれない」と言う。
　彼女はこの庭が気に入っていて夏にはよく孫を連れて見に

来る。でも庭園内に入ったことはこれまで1度もないという。

　巡らされた柵のためなのか？　このフェンスの上端は波の形で、周りの丘やカーブした園路に呼応したデザインになっている。このフェンスの日本庭園への入り口にはゲートがあって、20セント硬貨がないと入れない。「財布を持ってなかったり、買い物袋が邪魔になったりしてねえ……」とS夫人は申し訳なさそうに言う。

　そして、遠来の客など特別のことがない限り、やっぱり入らないと言う。そうすると、このライネフェルデの"名所"は、職場のなくなったこの町に舞い降りた、エキゾチックな物体、いわばUFOのようなものなのかもしれない。

　日本庭園への入り口は他にもあるが、どこも突然柵が現れて行き止まりになる。この柵は元の計画にはなかったのだ。南地区のコーディネーター、フランケ女史によれば「市役所としては柵の設置に踏み切らざるを得なかった」そうだ。オープニングの前夜にも、植木が盗まれた。昼間は子どもたちが庭園を自転車で乗り回していた。子どもが自転車で遊ぶのが悪いわけではなく、まず住民にこの宝物との付き合い方を学んでほしいと市は考え、フェンスを設け、入り口の案内板で公園内でしていけないこと、自転車、スケーター、スケボーでの遊び、犬の散歩、園路から外れること、投石、植木を折ることを明示した」

　たしかに庭園付近の住民たちは、来客に見る名所としてこの宝物を大事にしている様子だ。「庭園はいつもきれいに手入れしてありますよ」とS夫人も言う。

　"ランド・オブ・アイデアズ"祝賀会の後、参加者たちは団地再生の成果を見て歩いた。フランケ女史は、澤田氏と河村氏を案内した。長大なアパートから切り出してつくったアーバンヴィラ、解体パネルを再利用して建てた社会福祉センター、カトリック教会。そして、東ドイツ時代の住居を当時の生活のままに再現したミニ博物館。

　2人とも日本庭園のことはよく知っている。河村和久氏はケルン在住の建築の教授でこの庭園の設計者だ。「こういう場所ならドイツでは都市公園か家庭菜園を考えるのが普通だが……」と市長の行動力を評価する。設計者として柵は作りたくなかった。完成した今の状態にジレンマを感じる。柵のデザインには問題はない。だけれどもバリアには違いない。「日本はオープンな社会だから、こういうところに柵は作らないだろう……」と澤田氏は言う。

　ちょうど話が途切れたところで、カトリック教会に着く。守衛が出てきて門を開けるのだ。今では教会でさえ、いつでも出入りできるわけではないのだ。

　瞑想、メディテーション、内なる真実、同じ目線での交流。

　さっきのパン屋には、今も客がいない。口下手な主人が何か眠そうに話す。「ベルリンの壁が崩壊した後、市長とは同

じ政党で、自分も産業組合や地区自治活動には、積極的に参加した。3人の子どもを育てながら、パン屋チェーンを作り、従業員も多数抱えるめまぐるしい時期を過ごした。そうした中で政治とは何かがわかった気がする。たとえばスーパーマーケットに店を出そうとすると、その大企業がどんな要求を出してくるかだ。その結果、だんだんやる気がなくなってきたし、つまらない夢を見ることもなくなった」

このパン屋の中は、ちょうどこの朝の日本庭園のように静かだ。ライネフェルデは静かなのだ。

今や、ライネフェルデの南区には様々な賞を受けた「アーバンヴィラ」があり、再生された町は緑に包まれ、託児所や学校もリノベーションされ、青少年センターが新築された。新設のアウトバーンから近く、工業団地も活気付いている。いろいろな活動の市民クラブがあり、お金に困った人への食事の無料サービスもあり、福祉のインフラも整っているのだ。各地区にはコーディネーターがいて、青年会や情報誌があり、毎年、南地区では祭りも催される。そのうえ、日本庭園もあるのだ。

人口の減り続ける旧東ドイツの諸都市として、これ以上望めるものはないだろう。

まだ若く、エネルギッシュな地区コーディネーターのフランケ女史は、1996年以来住民アンケートを実施している。この町に関する各種データを把握しているだけでなく、住民の様子にも良く通じている。

たった12年の間にライネフェルデは住民の3分の1を失った。2001年には"低収世帯"が40%を超え、南地区での失業率は20%で、その大半は男性だった。子どもがどんどん少なくなり、老人が増えている。早期退職者や高齢単身者も多い。2001年の調査報告には"1995年に予想された社会的格差が、さらに広がりつつある"とあり、"大多数の南地区住民が不安定な労働市場に不満を持ち、長期的な職場の確保が第一だと回答している"とある。

フランケ女史は、各種のイベントを企画し、人のネットワークを作り、情報誌や進行中のプロジェクトの世話を焼き、助成金の確保に走り回りながら次のアンケート調査を準備する。

たまにほっとするのは、オフィスから日本庭園を眺められるときだ。「いずれにせよ、眺めだけでも楽しめるこの庭のあることは、すばらしい」と彼女は言う。お茶会など、日本文化を広めるイベントも試みてみた。しかし、長々と続く複雑な儀式は住民の興味を引くことができなかったのだ。

瞑想、メディテーション、内なる真実。ライネフェルデにも瞑想する人はいるだろう、だけど、やはり自分の家の中が一番だと……。

ライネフェルデに学ぶ

　どの時代どの世紀を問わず、人間はその時代の都市を形成してきた。だから全ての都市は、その時々の社会状況が目に見える形で固定されたものだといえる。都市を形成した人々の社会観が、家や街並み、広場や公園などの配置の単純さや複雑さの中に固定化もしくは空間化されている。

　"近代"という工業化の時代には、都市の住宅に2つのタイプが生まれた。19世紀後半の都市成長期に開発された都市住宅と企業の社宅である。前者は、大量に供給された低家賃のいわゆる"賃貸兵舎"とも呼ばれ、産業革命後の社会変革の中で発生した大量の離村農民のもたらす急激な都市化への単なる量的対応として出現した。第二のタイプは工場に隣接した土地の、きちんとデザインされた、大抵は小さいながら庭付き戸建住宅あるいはテラスハウスであり、衛生設備や電気や暖房設備が備わり、住民の子育ての要求に応えるものであった。

　第二次大戦後のすさまじい建設ブームの中で、2つの住宅モデルは、同じ道筋をたどったわけではないが、ヨーロッパ全域におけるソーシャルハウジングの流れを作った。しかしこのハウジングは、非常に単純化すれば、現代のバブル期に投機的不動産会社が金儲け主義で行ったことと変わらず、自治体や住宅組合が多少の自制を加えながら繰り返したものである。つまり、その目指すところは、各所に発生する産業労働者のための大量住宅供給だった。全ての大規模団地がその帰結だし、大小を問わず、古い都市周辺の開発地もそうだ。それが最も明白にわかるのがいわゆる"ニュータウン"なのだ。そのほとんどは国の構造改革の一環として、工業化後進地域の原野に、経済合理性の観点だけから急造されたものだ。

　過去の150年を振り返ると、どこかの都市が拡大あるいは新設される場合、多かれ少なかれ"仕事場"と結びつく"住む場所づくり"だったのである。

　この一般理論は、過去50年にライネフェルデで起こったことを理解する助けになる。この町は産業都市形成の波に乗って彗星のごとく登場したが、その高みに登りつめた直後に、誘致された織物工場が閉鎖されて、まっ逆さまに転落するという憂き目を見た。これは例外的な悲劇や産業化投資の失敗事例というわけではない。むしろライネフェルデが教科書的に明示するのはその反対で、都市という存在が常に生産システムと深く結びつくということなのだ。ここで起こったことは、ピッツバーグやデトロイトが、あるいはシェフィールドやデトロイトが、そしてロレーヌ、ラインハウゼン、ゲルゼンキルヘンやピルマゼンスが経験したことと似たり寄ったりなのだ。

　東ドイツでは同じ時期に、ミシン産業のウィッテンベルゲ、褐炭産業のホイヤースヴェルデ、写真産業のヴォルフェン、あるいはかつて"ラウジッツのマンチェスター"と呼ばれたフォルスト市でも同じことが起こったし、今も進行中なのだ。これら旧東ドイツの都市については、どうしても次の"皮肉"が頭に浮かぶ。つまり1990年代前半には何十万人もが仕事を求めて旧東ドイツ地域から流出したため、東ドイツ時代に最も欠乏していた住居空間が余ることになってしまった。そして、この突然の過剰供給により、住宅経営が苦境に陥っただけでなく、産業に従属する住宅政策の前提条件そのものが混乱を来した。"この状況下に、パネル工法住宅はエンゲルスの言う住宅問題への解答の機能を最終的に喪失した。住宅問題は店子問題となったのだ。住民が住居を必要とするのでなく、住居が住民を必要とすることになった"[*1]と、

建築史家のペーター・リヒターがライネフェルデの都市改造を分析して結論付けている。おまけに住民たちはリニューアルしたアパートやテラスハウスで今までの隣人たちと暮らすか、あるいは国の助成で持ち家の幸福な生活を試してみるか、という選択に突如直面することになった。それまで想像さえできなかった現象が降って湧いたのだ。当時を振り返って、2004年以来ライネフェルデ住宅公社の社長を務めるバーバラ・ハーンは「1994年に専門職研修で出かけたゾンダーハウゼンでは人口の減少は見られなかったが、ライネフェルデでは次々と空き家が増えていった。空き家は増え続けるばかりで、何かがおかしいと思ったものだ」と話す。「空き家が目立つようになったのは1994年からで、その数は1996年ころから急増した。新しい社会秩序に馴れるのに多少時間がかかるのは仕方がない。しかし新システムの中で仕事や経済面での自分の位置を見定めるや否や彼らはすぐに行動を起こした。アパートを引き払いどこかへ引っ越すか、建築申請を提出した。ライネフェルデ近郊の村落が次々に大規模戸建住宅地となった。自分たちにはそのプロセスに対する何の影響力もなかった」と市の建設局部長のローラント・ゼンフトは言う。

今までのところ、旧東ドイツの諸都市ではどこも住宅が壊されている。2006年末までに17万戸が"市場から除去"され、2009年末には40万になるはずだ。25億ユーロ（約4,000億円）が"旧東ドイツ地域都市改造"プログラムのために予定され、連邦政府は2002年以来すでに7億ユーロを使い果たした。現状はこの政府資金が一方的に建物撤去に使われ、本来この改造プログラムの目指す"ストック価値の向上"には使われていないという批判も高まってきた。そんな中で住宅会社は、空き家率という数字の呪縛に陥っている。つまりその値が16％を超えて継続すれば、赤字経営は目に見えるからだ。だから住棟の撤去は間接的な助成金の役割を果たすというわけである。過剰供給から市場を守ることで住宅経済活動が円滑に持続するのを支えるのである。

しかし住宅供給にコンセプトを欠き、"事後の生活"のヴィジョンなしの大量住宅の撤去が進めば、"まち"が持っていた空間や機能そして文化的なネットワークはその本質まで失われてしまう。そのことは、多くの都市で取り返しのつかないほどの損傷と喪失としてすでに目の当たりにできる。この熟考を欠いた近視眼的な都市政策の悲劇には、昔からなじんだ町や村のネットワークが無残に変形されるプロセスを、いつも住民たちが不気味で否定的なものとして認識してきたことにもその一因がある。都市改造への公的助成が7年来行われた今もなお"都市の縮退"という概念が、ほとんどの都市で、さしてバラ色と言えない未来の標識とされていること自体、いかに我々を支配するイメージが現実的な状況判断とかけ離れているかを示す。しかし事態はすでに進み、運命の一撃をいかに回避するかではなく、避けようのない変化にいかに順応するかという段階に来ている。今まで住んできた"まち"で生計を立て、人生の意義を見つけられないなら、新しい方法でその"まち"の存在の根拠を見つけなければならず、それができなければ消え去ることになるのだ。

こうした暗い面ばかりを見てくると、アイヒスフェルトの

*1 ペーター・リヒター：《危機地域のパネル工法による建物。ライネフェルデの例に見る東ドイツ時代の工業生産住宅の建築的および政治的変形》ハンブルグ大学での博士論文、2006年、191ページ

成功事例はとりわけ光を放つ。ライネフェルデでは、自治体が現実的かつ首尾一貫した行動をとれば自らの運命を左右できることを証明している。その力はかつての"金が天から降ってきた時代（90年代後半、西側資金が投入された時代）"が過ぎた後、すぐにあきらめの境地に達したプランナーや自治体の役人が考えたことをはるかに超えるものだった。*2

2000年には、急激な人口減少を示したホイヤースヴェルデ市は"名誉ある退却"を迫られた。すなわち"成長シナリオ"からの"決別"は決して世間離れしたことではなく、理想主義者の夢でもないことが認められたのだ。

しかしライネフェルデの南地区には、この状況下での努力の成果を見ることができるのだ。すなわち、たとえ町の規模が半分になっても、その"まち"に残った住民にとっては以前にも増して魅力あるものになり、そして人々は、そこに新しい意味を見出す。

町を縮小する際にまずその端部から取り掛かるのは、都市計画とエコロジーの見地からも重要な意味がある。しかし都市全体の空き家を減らすために、当然のようにまず近郊開発地域の住棟を取り壊すやり方には何の理由もない。社会主義時代に生まれた、その評価の分かれる"パネル工法"による規格住宅は、住宅建築としての可能性の全てを発揮してきたというわけではない。しかし、建築評論家のカイ・ガイペルの指摘するように、ライネフェルデのフィジカー街区のリノベーションで明らかになったのは、「その"住戸モデル"の持つ将来的価値とクオリティーを見失わないよう努めたからこそ、かつて理想とされた"パネル工法"の価値が初めて理解された」ということなのだ。*3

この"まち"を創設した世代の持った"将来への確信"を未来に引き継ぐのはまず無理だろうが"住宅モデル"の持つ"クオリティー"には驚かされる。パネル工法の建物はフレキシブルであり極めて多様な住戸プランさえ可能にしてしまう。

かつて住居の奥にあったキッチンや風呂を窓のある場所へ移すのは、一定の質を目指すリニューアルでは当たり前になっているし、メゾネットタイプや屋上庭園付きのペントハウスなどをリノベーションに含めるかどうかはコストだけの問題であり、技術的にはすでに定型化されているほどだ。

コンクリートという建築材料は必ずしも"住まい方"の現状を"永久化"するためのものではないということだ。そのことは、ライネフェルデだけではなく、コットブスやサクセンドルフ、マグデブルグ－ノイシュテッターフェルドやドレスデン－ゴルビッツで、さらにシュウェートのワルトランドやベルリン・マルツァーンのアーレンフェルダーテラスでも実証されている。

"パネル工法住宅"は特殊なものではなく"普通の住居"として計画されたが、住人の入居が早すぎたのだ。社会主義国家の居住地開発を急ぐあまり、住宅躯体ができた直後に入居せざるを得なかった。だから、住民が住宅をきちんとすれば良い。それには、住民が、仕上げ材の品質がわかるようにすれば十分だったのだ。

この励ましとも言える意見は、解体パネルを使う戸建住宅を初めて提案したコットブスの建築家のフランク・チンマーマンからのものだ。*4 彼は90年代初めすでに木製フローリングやガラスの間仕切り、さらに高級システムキッチンを使って4階のフロアーでも戸建住宅感覚で住める住宅を

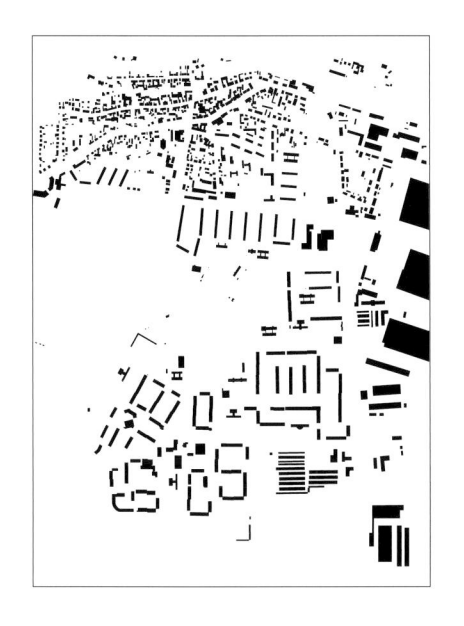

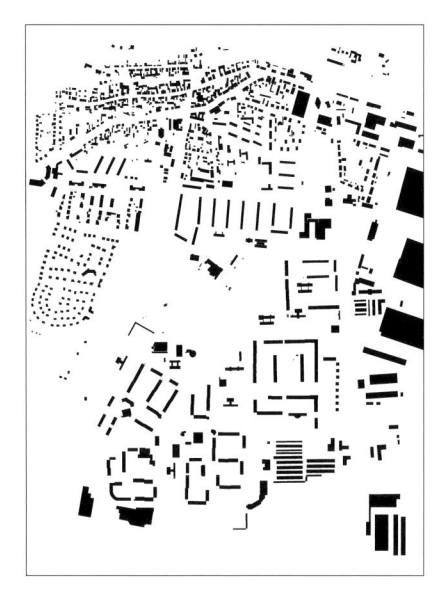

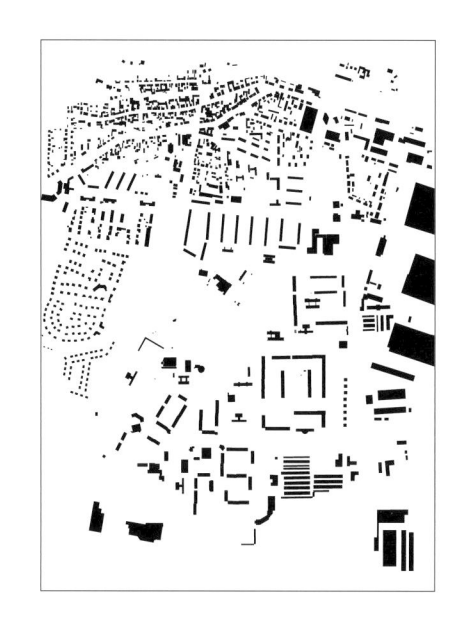

"まち"の推移
1992年、2004年、2010年のライネフェルデ

作れることを実証していたが、このことは、残念ながら知る人ぞ知るというレベルに止まっていたのだった。

ライネフェルデでは、高齢者向け住棟にエレベータやケアセンターを設けて管理人を置くといった将来向けコンセプトの夢も限りなく広がっている。以前は想像できなかったことが実現された現場に立つと、かつて建設コンビナートごとにQ6WBR82やWBR70と記号で呼ばれた"住戸モデル"の躯体形状の痕跡はもはやわからないほどだ。"パネル工法建物"とは、大規模な"レンガの集積"だと解釈できる19世紀バブル期の建物同様、自由な改造が可能なのだ。

それなら、かつて起きた文化の価値転換が起きてもおかしくはないのではないか？つまりほとんど1世紀の間野蛮な金欲主義と非人間的住環境のシンボルとされた"賃貸兵舎"が、今では中流階級層の生活の舞台として高い値段で取引さ れているのだ。またその19世紀後半の開発地域にしても、もともと殺風景な原野に計画されたものだった。[*5] しかし、数世代前のプランナー達が都市化の悪夢と戦ったその開発地域が、今や理想的都市モデルとみなされ郷愁を持って受け入れられるまでには80年を要している。こうした価値の転換には、決定的な前提がある。それが"建物・都市の改造・再生"なのだ。そして、人々はそれらの建物や都市が全く違ったものになっているからこそ、それを好きになれるということだ。

今では、パネル工法の建物を改造できる建築家には事欠

[*2] マルギッタ・ファースル：ホイヤースヴェルデ住宅公社社長、2000年7月12日付けフランクフルター一般新聞インタビュー
[*3] カイ・ガイベル：ライネフェルデのフィジカー区、建築文化案内11号ニコレッタ・バウマイスター出版、アムベルグ o.j.2003年
[*4] 2003年、チンマーマンは12階建てのパネル工法棟を丁寧に取り壊し、そのパネルを用いて同じ場所で6戸の《アーバンヴィラ》を建てたことで施主賞を獲得した。

左：ベルリン・マルツァーン、アーレンフェルダー・テラス住宅
右：ドレスデン・ゴルビッツ、クロイター集合住宅

ない。ただ大抵の場合、所有者側に改造への資本投下のリスクを負う勇気が欠ける。だからシュテファン・フォルスターのライネフェルデの最新プロジェクトは、あるいはホイヤースヴェルデでのムック・ペツェートのプロジェクトでも、新たな建築文化だとは受け取られず、いつものように単なるハイクオリティー建築ということですまされる。すなわち2000年のハノーバー万博の当時には、旧東ドイツ地域の都市改造として国際的大事件だったことは、現在ではほとんど日常的なことになってしまっている。

　ライネフェルデは、以上に列挙した他の減築プロジェクトとは一線を画するものがある。コットブスでは住棟単位の改造を行い、ドレスデンやベルリン・マルツァーンでは住棟ブロックのまとまりで改造技術の実験を行ったが、町全体を改造する戦略とした都市は他にはない。建物一つ一つのリノベーションが本当の意味の"まち"リノベーションにつながったところも他にはないのだ。ライネフェルデでは、市長や地区のコーディネーター、さらに州の担当官達が口を揃えて「南地区は"ゲットー"の烙印が消された。それだけでなく、住民の全てが新しい街を自分のものとしてポジティブに捉えている」と報告する。そのとき、この前例のない、避けて通れなかった一大プロジェクトにおける最重要事に触れることになる。これがすなわち"名誉ある、節度を持った退却"のポイントと言える。

　行政組織がある程度機能するならば、建物の取り壊しや空き地の緑化を進め、引っ越しを援助することもできる。けれども"まち"のイメージを大転換させ、人口の減少にもかかわらず市民に将来の展望を与えるには、政府の援助プログラムをただ消化するだけではない、何かが必要だった。

　では必要だったのは奇跡だったのか？　この問いにはそもそもライネフェルデから何かを学ぶことができるのか？という問いが含まれる。同じことを経験しなかった者には、奇跡から学ぶことはほとんどできない。たしかに、まねしようとする者を最初に気落ちさせるような事実が列挙されている。まずは地理的条件がある。西ドイツとの国境に近く東ドイツ時代は祝福されるより呪われる方が多かったこの土地は、今日ではとりわけ幸運に恵まれている。ヘッセン州とニーダーザクセン州が隣接し、ゲッティンゲンやカッセル近郊への通勤交通は途切れることがない。これはテューリンゲン州西部全域に当てはまり、ここアイヒスフェルトも失業率が低い。さらに鉄道網が復活し、ライネフェルデとヴォルビスのど真ん中をアウトバーンのライプツィッヒ・カッセル線が通るのは、ライネフェルデの産業にとっては理想的なインフラとなった。織物コンビナートは過去のものとなったが、新しい仕事場もできた。まだ十分とはいえないものの、運送業ばかり

148

でなくもっと製造業をと選り好みする余裕さえ見せている。
　次に、時間的なファクターがある。一番乗りのライネフェルデは先駆者であり、"都市改造、都市再生"のモットーのもと、現在の旧東ドイツの日常生活を支配しつつあるほとんどのことに、最初の実験現場の役割を果たした。最初の建物取り壊し計画（1994〜1995年のマスタープラン）、最初の減築コンペ（1996年）、最初の建築取り壊し（1998年）そして最初のハイクオリティーな部分的減築プロジェクト（1999〜2000年）である。しかし一番手は常に大きなリスクを負うもので、早すぎることで罰せられることさえある。たとえば、ライネフェルデの住宅会社は、連邦政府が計画的な取り壊し対象に助成金を付ける2000年以前に取り壊した建物の負債をいまだに払い続けている。しかし実験が成功すると一番手は大きな喝采を浴びるし、多くの同調者が次のステップへのハードルを低くするように動く。タイミング良くEXPO2000が開催されたことは、天の恵みといっていいだろう。
　さていよいよ決定的なファクターである。かつての連邦首相ヘルムート・シュミットは「回避できない流れと同時に個人的判断もあったし今もある。この2つが一体になって歴史が動いていく」と言ったが、この言葉以上に"ライネフェルデの経験"を総括できる言葉はない。旧東ドイツの他の都市と比べるとき、ライネフェルデで全てが何か違う形で、早く効率よく進んだことは、たしかに"個人的ファクター"と関連している。それは互いにパートナーと認め合える、それぞれの専門知識を持ち、しかも決断力に富む少数の個人の共同作業だったのだ。エアフルトやゲーラ、イエナなどと比べると、ライネフェルデは見通しの良い規模の自治体である。

そこにある力関係のわかりやすさをペーター・リヒターも成功の1つの鍵と見る。「あのように紛争要因を多く含んだマスタープランを実現に移せたことは、キリスト教民主同盟が常に支配してきたライネフェルデの政治的安定や市長個人の権威だけに帰すことはできない」[*6]この"権威"とは政治行為との関わりで少々慎重に言及しなければならない。しかし利害の対立する坩堝の中で"まち"の運命をいずれかの方向へ舵取りするには、それを避けることができない。さらに、それによってはっきり認識させなければならない逼迫した状況もあった。新たに建設された産業都市が、周辺地域も含めて一夜のうちにその全ての基盤を失うという事態は、かつての疫病や戦争あるいは自然災害に匹敵する存亡の危機であった。そこでは非常事態が宣言され、抑制されつつも毅然とし

[*5] しばしば市民的で都市的生活の理想とみなされるベルリン・ウィルマースドルフ地区は、1888年から1905年の間ベルリン市街から遠く離れた一大建設現場であり、15年間に14万5千人のための住居が作られた。この規模は100年後のベルリン・マルツァーンでの状況にほとんど匹敵する。
[*6] ペーター・リヒター：同上142ページ

た行動が要求される。そこでは展望と反応、意思決定の短い経路すなわち単純な序列が重要なのだ。強い個性と専門知識に裏付けられた権限が発揮されるときなのだ。強権ではなく、非常事態の鐘の鳴るところすべてに何らかの手を打てる明確な権限だったのだ。

　ライネフェルデ南地区の改造（再生）が並外れた成功を収められたのは、責任ある関係者が、遅きに失することなく、没落するかもしれない兆候をその細部に至るまで把握し、この存亡の危機に正面から向き合ったからだ。成功したのは、目の前の状況をはっきり危機だと認識したことによる。そしてそうした危機状況は、強い決断力や例外的手段なしには乗り切れないことを関係者全てがわかっていた。そのため彼らは、ライネフェルデを10年の間まさしく非常事態と位置付けた。現在では目に見えて緊張は緩和しているが、かつてのエネルギー集中は報われたのである。

　有力な建築雑誌"バウヴェルト Bauwelt"は、南地区のクオリティーの高さを他の団地再生事例の数段上をいくと評価し、フランクフルトのドイツ建築博物館も2001年の年鑑で、旧東ドイツの都市改造に関わった建築家と共にライネフェルデを「必見」と推奨している。

次の世代に希望を与えうるものには未来がある。
ピエール・テルアール・ド・シャルダン

　しかし、ドイツで、建築や都市の専門家達が"都市改造、都市再生"に当たって、まずは建物撤去による都市の縮小を考えている今、国外からの関心は"人口減少"や住宅の過剰供給には関係のない別の観点に向けられている。ライネフェルデ事例が力を込めて示す"パネル住宅"の可能性なのだ。住宅というものが、差し迫った戸数不足を埋めるために建てられるのでなければ、歴史的に見てもまだ過去のものになったわけではない工業化住宅には、新しい展開の可能性があるのかもしれない。そうだとすれば、機能的なフレキシビリティーや都市史的投影機能、技術的なリニューアル、デザインの質の向上などによって、工業化住宅には都市住宅の1つのレパートリーとしての正当な地位を得ることができるのではないのか。近代の計画された世界、工業化生産された家々そして機能主義的都市計画。それらを修復することが、次の文化的挑戦として世界的な課題となっている。パネル工法の住宅が歴史的市街を守るための単なる取り壊しストックとみなされている限り、この問題の世界的規模の展望を見失ってしまうだろう。なぜなら世界的規模とはエコロジーの観点であり、近代の建設ストックも"資源"なのであり、それを捨てることはできない。再生して未来へと引き継がなければならない。

ヴォルビスとの合併
―― リージョナル・シティの誕生

イリス・ロイター

　ライネフェルデの都市改造は、工場区域や南地区や今までの市域を越えて周辺自治体の再編成をも促した。ライネフェルデ市と北のヴォルビス市そして周辺の独立した町村の各議会は、長い交渉の末に、自治共同体として結束することを決定した。この決定に対して州政府は好意的で、2004年3月16日にテューリンゲン州議会は、人口約22,000人のライネフェルデ・ヴォルビス市の発足を承認したのである。これによって新自治体は人口規模と市域の広さの面でアイヒスフェルト郡では第一の"まち"になった。ヴォルビスや周辺の町村へ転出した以前のライネフェルデ市民は、統計的に見ると"戻った"ことになる。しかし同時に、各市と各町村はそれぞれ拡大して地域の中心になる可能性をあきらめたことになる。

　この合併は、必ずしも地域の関係者達から祝福されたものではなかった。というのも、この新たな展開に関する公聴会では、郡の長官はアイヒスフェルト地方の歴史と文化の背景に基づく批判を開陳した。[*1] ライネフェルデとヴォルビスとはたしかに全く異なる性格を持っている。新たな展開の牽引車になったライネフェルデは、鉄道の接続駅として栄えた"村"から一挙に政策的工業都市に成長し、わずか数十年前に市になったに過ぎないのだが、1990年からの都市改造プロジェクトでは国の内外からの注目を集めている。これに対して合併相手のヴォルビス市は、800年の歴史を誇る"まち"であり、旧東ドイツ時代には小規模とはいえ郡庁の所在地であった。伝統を重んじるアイヒスフェルト地域の中心としての誇りは相応に高い。加えて、この統合に含まれる7つの町村はヴォルビスの北のオーム丘陵に散らばり、また南のデュン丘陵との間の平野にあって、それぞれ自立していた。

　新しい"市の領域"には、分水嶺に沿って4つの川の源流があり、それぞれ西のヴェーセル川と東のエルベ川に沿って広がる耕作地帯に流れ込む。長い歴史を持つ2つの城塞が市域の端にそびえる。北には、オーム丘陵の頂にボーデンシュタイン城があり、16世紀以来プロテスタントに帰依したフォン・ヴィンツィンガーローデ家のものだった。これは1945年に没収されて以来、プロテスタント教会がレクレーションや集会の施設として使っている。南のデュン丘陵が終わる頂に立つシャルフェンシュタイン城は、中世の混乱期には一時避難の場所として使われたが、1582年からはマインツ選帝侯の代官所となった。旧東ドイツ時代になって、アイヒスフェルト人民公社のレクレーション施設として使われたが、ベルリンの壁崩壊後は荒廃したので2002年にライネフェルデ市が買い取ったものだ。

　もとのライネフェルデ市の領域が比較的高密度の住宅地だったのに比べて、合併後の土地利用はまるで違った状況になった。拡大した市域の35％は森、55％が耕作地で住宅や道路は9％足らずだ。

　このことから、ライネフェルデ・ヴォルビス市は"リージョナル・シティ"の様相を呈する。テューリンゲン州での、エアフルト、ワイマール、イエナとつながる"都市化軸"の北に広がる"リージョナル・シティ"のプロトタイプといえる。ゲッティンゲンやカッセルを除けば、ニーダーザクセン州の南部や北部ヘッセンの町も同じような"リージョナル・シティ"形成の傾向が見える。

さらなる発展のポテンシャルを得たのだ。緩やかな丘陵地を抜けて村や町を結ぶかつての道路網は分断されはしたが、このアウトバーンの"ライネフェルデ・ヴォルビス"インターチェンジは、"小さな"緩慢な伝統に縛られた世界と"大きな"ネットワーク上の高速モビリティ世界の境界となった。

　分水嶺で川の流れが西と東に分かれ、城塞が北と南にあり、アウトバーンの抜ける辺りでちょうど南北ドイツ語圏の境界となる。そこでは"りんご"を北は"アッペル"、南は"アプフェル"と呼ぶように、この地域では生活がある種の葛藤に支配されている。だから、ライネフェルデとヴォルビスは"共生可能な結び付き"のファクターを注意深く探さなければならない。

　この新都市が地域の中心になろうとするのを、アイヒスフェルト郡の人々は戦々恐々として見ている。似たようなことが1816年ウィーン会議後にも起こった。ナポレオンがライン沿いの地方と交換したアイヒスフェルトは2つに分割され、西のウンターアイヒスフェルトはハノーバーに、東のオーバーアイヒスフェルトはプロシア王国に割譲されたうえ、さらにハイリゲンシュタットとヴォルビスの2郡に分けられたことがあるのだ。この分割にもかかわらず、地域住民に結束力を与えたのはマインツ選帝侯の反宗教改革運動によるカトリックの教えで、プロテスタントが支配する近辺とは異なる精神風土だった。今回の新都市誕生に触発されて、アイヒスフェルトでは各市町村での人口推移や経済基盤に対応でき、かつ地理的条件を見据えて自治体や地域の再編が始まった。合併で大きくなった自治体の問題は、それまでの自治体

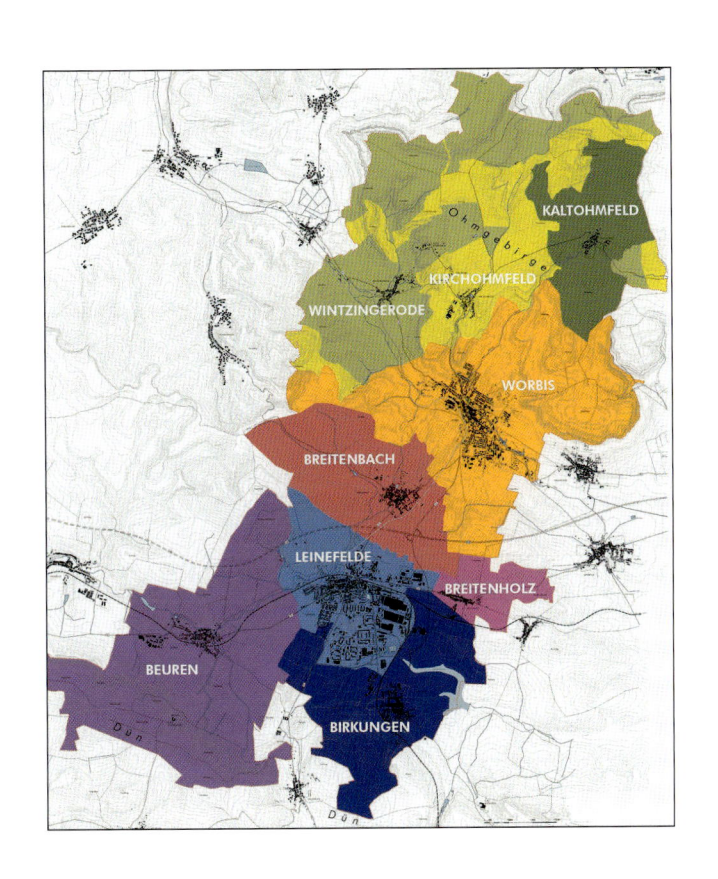

ゲッティンゲンとカッセルの大都市は、それぞれ車で1時間の距離にあるからライネフェルデ・ヴォルビスの通勤圏となったが、かつての"鉄のカーテン"のこちら側に対しては、経済的文化的アイデンティティーをいかにして確立すべきか、という課題も突きつける。ライネフェルデ・ヴォルビスの地には、歴史的に発展してきた"軸"に沿う19世紀以来のカッセル・ノルドハウゼン鉄道や国道B8号線が通り、アウトバーンA38の開通により中部ドイツ地域だけでなく、ゲッティンゲンやカッセルへも近くなり、

の代表ばかりでなく住民自身がこの状況変化にどう対応していくかである。

　いずれにせよ、関係者の言うこの"新参者的システム"は、効果的に機能できるばかりでなく、オーバーアイヒスフェルトの精神風土にも適合する必要があるとされたのだ。

　ライネフェルデ・ヴォルビスにおける変化の兆候は、まず9地区への入り口に現れた。すなわち各地域の標識のどれもがこの新アイデンティティーを表そうとしている。北のはずれの以前のカルトオームフェルド村でさえも"ライネフェルデ"の標識をかかげ、南から国道沿いにボイレン村にアクセスすると、それまで遠く離れたヴォルビスという存在が身近に感じるほどだ。

　新しい"市"は、行政の各役割を所在地ごとに象徴的に置くことにした。新たな市長室は、この地域では最も古く、丁寧に改装されたハーフティンバーの"民家建築"であるヴォルビス庁舎に置かれた。そこは、今でも結婚式や賓客接待用にも使われる。ライネフェルデ駅に隣接する給水塔を改造した庁舎には、各種の行政部局が集中すると同時に、市議会場も置かれ、市民サービスの窓口の"市民センター"もある。そこから徒歩1分のところに新設のバスターミナルと大型スーパー"カウフランド"がある。

　市の予算案の審議は、まず公共インフラ整備計画が重点になり、以前からの市と村間の格差の是正に絞られた。ヴォルビスにも水泳プールを新設する、各バス路線は全ての地域と同じ間隔で運行する、各村役場を改装する、などだ。議論では、これまで重点課題とされてきたプロジェクトの優先度が問題となった。人口が減り続け十分な予算がない町では、当然といえる状況だ。この"まち"は本来多くの世帯を抱え、各自が自給能力を持ち、成長を目指した地域の集合なので、そのバランスを取るのが新たな大課題となっ

ている。

　ライネフェルデ南地区での"緑の軸"のさらなる整備と、ヴォルビス歩行者天国のショッピングセンターによるてこ入れとを両立させる道を見つけなければならないというわけだ。

　ライネフェルデとヴォルビスのちょうど中間のブライテンバッハ村の住民は、古い役場が撤去され、商店もなくなる代償として地区センターの整備を希望している。ブライテンホルツ村では、広く知れる"巡礼地"とそのそばに建つ廃校施設の活用を、スポーツクラブの盛んなビルクングでは、体育館付属のフィールドの整備とドイナのセメント工場の貯水池周辺のレクレーションセンターへの開発計画を持っている。ボイレンでも、身障者高齢者センターに改修した村はずれの修道院と村の中心を結ぶ散策路を、さらにヴィンティンガーローデでは、現在の川を使った小さなプールではない"本格的プール"の設置が焦眉の急であり、ドイツ歌曲"野バラ"を作曲したハインリッヒ・ウェルナー生誕の地・キルヒオームフェルドの住民達は、ボーデンシュタイン城への自動車に悩まされているという報告もある。カルトオームフェルドの、ソ連軍にアンテナ基地を提供したビルケンベルグ山は、この地方の最高峰だが、ここも荒廃の一途をたどりつつある。これ以外にも多くの問題がこの"新婚間もない夫婦"には山積みになっているのだ。

　もちろん、ライネフェルデの紡績工場跡地やヴォルビス地区の２工業地域を、鉄道と新設アウトバーンにつなぐ産業基盤の整備そのものに異論を唱える者はいない。ここにかつての境界を越える大きな第一歩を踏み出せる可能性がある。紡績工業コンビナートと共に、ライネフェルデ南地区では地域暖房プラントや独自の浄水場が造られ、鉄道まで敷設された。工場の閉鎖後もこのインフラを生かし、工場施設は中小企業が使うようになり、引き込み線も生かされている。ここは再び1,500人分の職場となっているのだ。市がこの補助金による工業地域の再生を進めるのと並行してライネフェルデ駅の北に新工業地域を開発してきたが、これもすでに手狭となるほどで、アウトバーン方向への拡張が計画されている。工業地域にはいろいろな業種が立地したが、中でも工作機械や技術部品の製造がこの立地には適しているようだ。交通の便が良いのでカッセルやライプチヒ、ハレ地域の自動車部品の生産と供給活動が活気づいている。ヴォルビス南の工業地域も、同じ理由で、大企業が立地し、工業エリアは手狭になりつつある。ボイレンとビルクンゲンの国道に沿う新産業エリアは数社の地元建設

才能はまだ各所に息づいている。目前の現実や受け継ぐべき遺産へも同じ姿勢を保ち、未来へ向けて勇気を持って一歩一歩前進している。

＊1　ウェルナー・ヘニング氏の講演「新しい町ライネフェルデ・ヴォルビス：オーム丘陵地帯自治体連合とライネフェルデ市の合併の目指すもの」による。この講演は、テューリンゲン州議会内務委員会主催の公聴会の一環として、2004年1月22日、ヴォルビス市マリー・キューリ高等学校の講堂で行われた。

業者が資材置き場として利用している。ヴォルビスにあった調理器具製造工場だけが未だに空き家のままだ。こうして見ると、新都市"ライネフェルデ・ヴォルビス"の産業基盤は固まってきたといえる。

　市は、大規模な人口の転出や高齢化によって始まる専門技術者不足に対処するため、この地域全体を射程に入れた職業センターをライネフェルデ南地区に設置して、その基盤をしっかりさせようとしている。アイヒスフェルト人同士の堅い結束と故郷への帰属意識が、合併後に拡大した"まち"の次世代にもうまく受け継がれるか否かはまだわからない。一方では未だ数件に過ぎないが、農家による、このやせた土地での有機野菜や有機燃料の生産販売も行われ、すでに成功を収めている。ライネフェルデ南の地域暖房と廃熱利用の発電プラントも、以前の褐炭利用から間伐材や廃材利用に燃料の転換を行った。まじめで発明好きなアイヒスフェルトの人々の

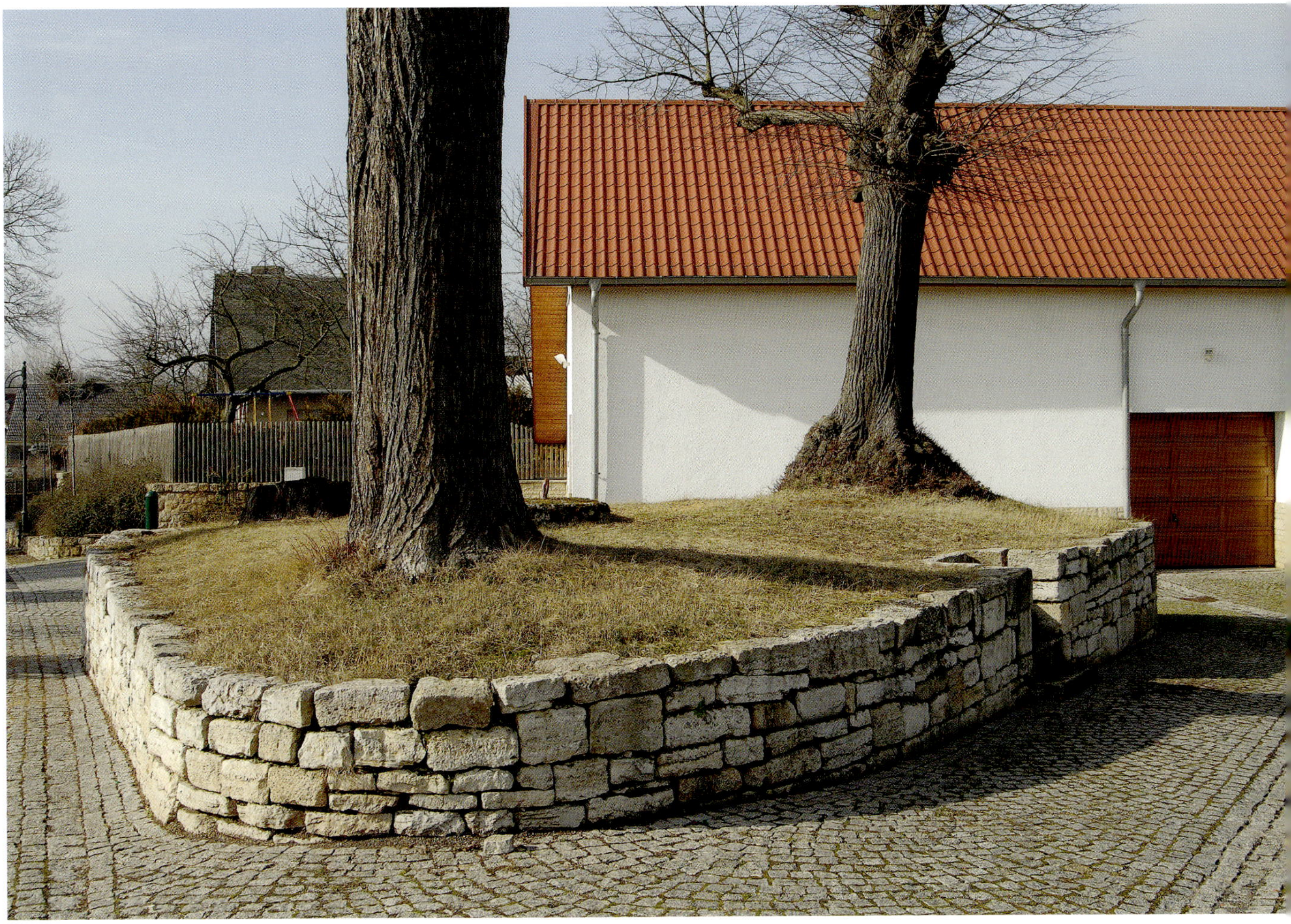

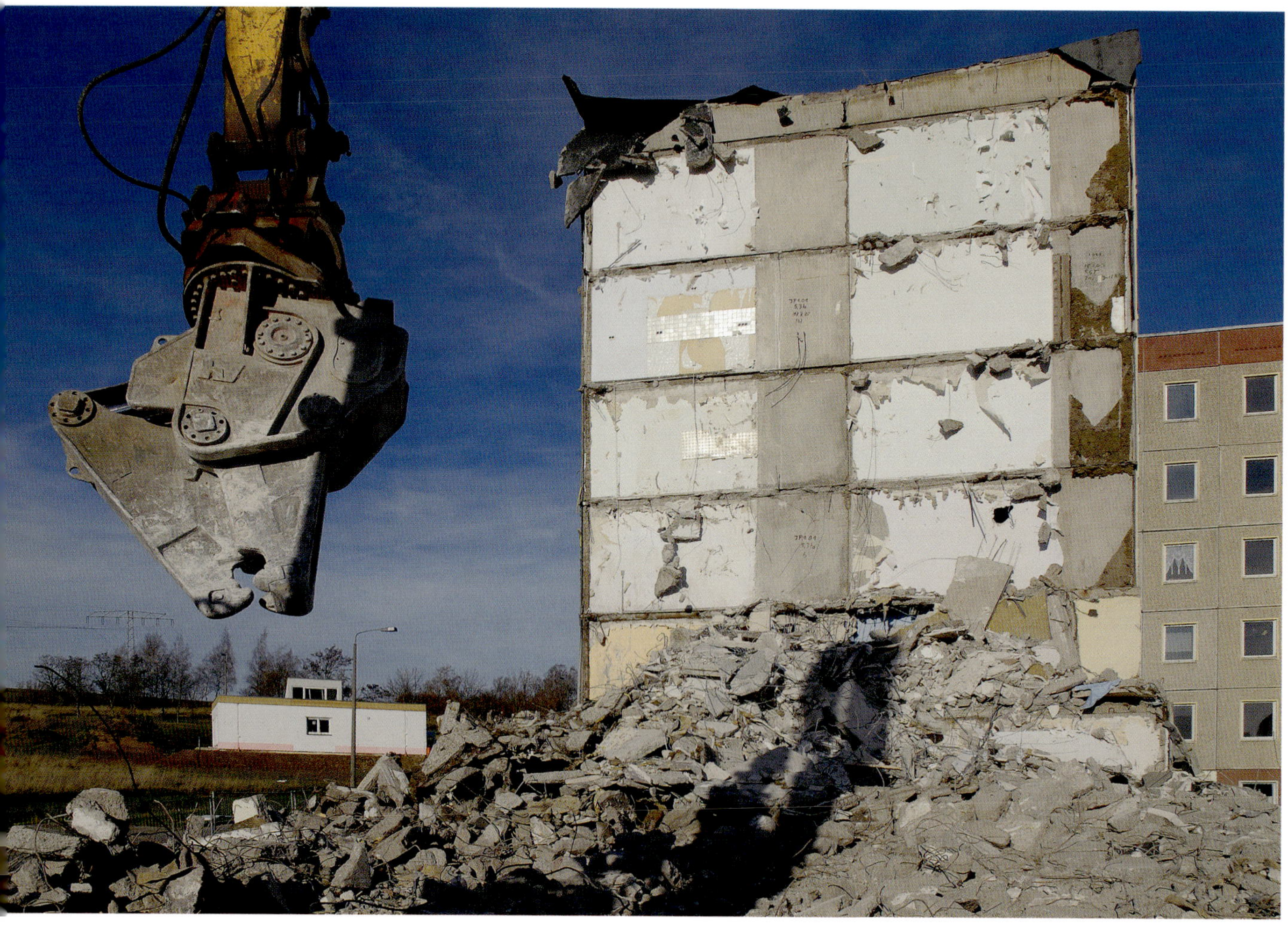

"減築パネル"の生む"新建築"

　イェシュカイト夫妻にとって以前の団地アパート住まいが別に気に入らなかったわけではない。ただ、それが4階だというのが、老後を考えるとちょっと心配だった。そこで、もしできるならそのアパートを住棟から切り取って、購入した敷地に移したかった。それを四方に1mずつ広げられれば……、地下室は造らないことにして……、近ごろはやりのカーポートがあればいい、と考えた。そうすれば、今あるとき具は全部そのままの場所に置けるし……。そう考えていたとき、小さな新聞記事が目に留まった。それは、夕方のテレビドラマを思わせる内容で、実際にあった話だったのだ。（126ページ参照）

　話の舞台はライネフェルデで、数年来見られてきた多くの話題同様、ある種のビッグストーリーにつながるもののように思われた。ライネフェルデでは、大抵のビッグストーリーでも、その始まりはいつもどちらかと言えば影が薄かったし、成功までは紆余曲折があった、と彼は思ったと言う。

　このアイデアが、ライネフェルデの南地区のハインリッヒ・ハイネ通りに実現したが、これは"リサイクリング"ではなく"アップサイクリング"と呼ぶものだ。エアフルト、コットブス、ベルリンなど旧東ドイツの各地を経由してきた"解体PCパネルの戸建住宅"で、"国家補助による住棟撤去の際に発生する部材を部分的に残して、住宅に再利用する"ということなのだ。第二次大戦後、町の廃墟からレンガを1つずつ掘り出し、町の復元の材料としたのと同じで、使えるPCパネルは掘り出そう、そこに使われた膨大な材料と労働力とエネルギーという資源をもっと大切に利用しよう、という考えだ。

　"成長の限界"がここまではっきりと"都市の縮退"に影を落とした今、若くて真面目な建築家が、自分にとっての新課題に目を向け始めた。建築デザインの流行やファッションはさておいて、"サスティナビリティー"とは何か、それの自分の責任はという問いに真剣に向き合い、仲間の輪を広げてきたのだ。

　ライネフェルデの事例では、"WBK21"[訳者注1]という恣意的名称のテューリンゲンの小建築事務所がコットブス工科大学建築技術研究室と共同して進めた。その最初のプロジェクトは、コットブスのニュータウンから出たPCパネル"WBS-70"[訳者注2]で戸建住宅をつくるものだった。すでに2003年に、設計料の頭金を使って150トンのパネルをベルリンのニュータウンから現地に運ばせたが、ドイツ的官僚主義に阻まれて、プロジェクトは頓挫した。しかし、そのまま無為には過ごしたくないと思って、ミュールハウゼンの"WBK21"1人が自ら施主となり、プロジェクト第2号に取り掛かったというわけだ。このときのパネルはライネフェルデのもので、2004年ボニファティウス教会北の地区を対象とした《再利用を目指す減築》スタディを任されていた関係で、"ライネフェルデ産パネル"の品質を熟知していた。さらに南地区で建物解体を担当した会社は、彼らからのパネルを引き取りたいという申し出に大変喜んだ。2005年9月、ライネフェルデ・ディヒター街区から出た68枚のパネルがミュールハウゼンに着いたとき、テューリンゲンの一般紙の記者も現場を取材したが、翌日の小さな記事をイェシュカイト氏が見とめてこの建築家に電話を入れたという次第である。

　WBK21は、この3つ目のプロジェクトを"ハウジング・プラス"と名付けた。108、キッチン、バスルームのほかに

所在地：ライネフェルデ市ハイネ通り34
施主：ダグマー、ペーター・イエシュカイト
設計者：WRK21、D. ザイドル
竣工：2006年
面積：108㎡＋カーポート

納戸がある。地下室はないがバリアフリーで、中央の廊下はトップライトで明るい。基礎とパラペットだけは現場打ちRCなので、この建物での"リサイクル率"は91％にもなっている。

現場主任のザイドルによれば、それまで建設コンビナート生産の部品リストと組み立て要領だけで仕事ができたので、各種パネルの長所も短所も良くわかっているという。床版パネルは特に使いやすく、それは何台ものトレーラーでオランダまで運んだりしたのだという。「6ｍスパンの住宅が柱も型枠を使わずにつくれるし、平面計画も自由になる。コスト面でも十分ペイする」とザイドル氏は言う。

つまり、丘の下のディヒター街で住棟の解体撤去が進む最中に、丘の上ではイェシュカイト夫妻がちょっとした狼煙を上げて、「私たちはここにすみ続ける」と言ったわけである。ちなみに、この施主はパネル住居で全く普通の生活をしていたから、新しい住宅に特別に金をかけて、その素性を隠したりする必要がなかったというわけである。

だから屋根も特別目立たせることもなく陸屋根とし、規格化パネルと規格住宅の面影を自信を持って示しながら、誰でも手に入れたくなるような小邸宅ができ上がったのだ。

しかしただ1つ、知る人ぞ知るわずかな欠陥があったと、この施主は言う。それは、その小邸宅の給排水など全ての設備配管を、その敷地にあった住棟の設備インフラに接続して、パネルの解体もその住宅での組み立ても同じ職人がやったのだが、そのパネルの発生場所が住宅から300ｍも離れた住棟だったので、同じクレーンを使うというわけにはいかなかったという点だという。ちなみに、コットブスでのプロジェクトでは、他の建築設計事務所だが、同じクレーンを使う計画を実現したという。

ところでこのイェシュカイト邸での注目すべき建設プロセスはすんでのところで世間に知られない羽目になるところだったという。そのパネル組み立てのとき、現場監督は余裕を見て、3日間と計画し、テレビ局の取材は2日目に予定していたが、ザイドル氏が組み立ての初日の朝に現場に来ると、すでに外壁の半分は組み上がり、残りもその日のうちに完了

する見込みだったという。イェシュカイト氏は、このときカメラを持っていたから良かったが、もし持ってなかったら、2006年6月18日の、ライネフェルデではそれまで見ることのなかった"記念すべき新築シーン"は誰にも知られないものとなったに違いない。

訳者注 1 "WBK"東ドイツ時代、大規模団地を次々とした住宅建設コンビーナート（Wohnungsbaukombinat）の略称で、旧東ドイツでは良く知られた。その"暗い名前"に"21"つまり21世紀をつけ加えた旧東ドイツ地域出身建築家グループ一流のユーモア。
訳者注 2 WBS70は上記WBKによる住宅建築シリーズ（Wohnungsbauserie）の1970年代開発のもの

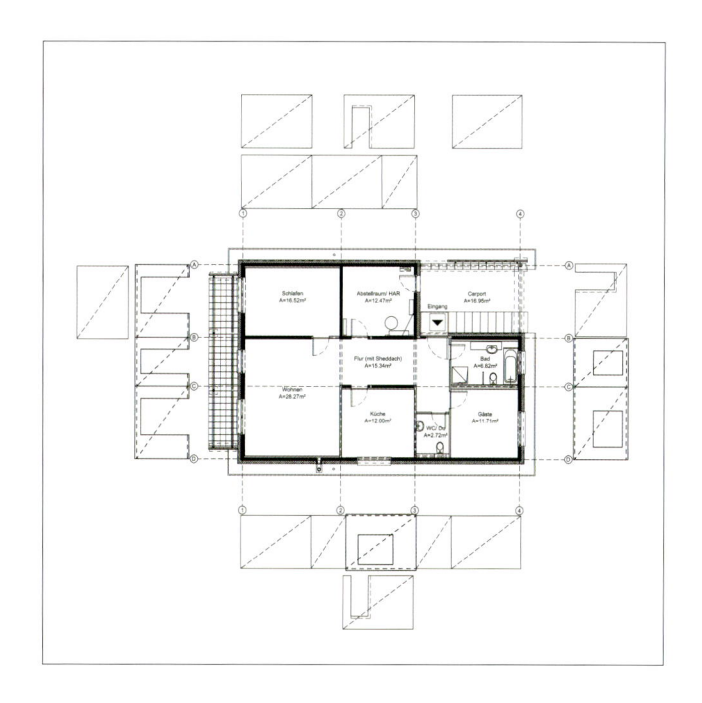

訳者解説

1：" まちづくり・都市開発 " と国・州・自治体の関わり

ドイツは中央集権の日本やフランスなどと違い連邦制の国であり、" まちづくり・都市開発 " の計画と実施は " 市町村（Stadt, Gemeinde）" の主導で行われる。本書は、ライネフェルデが、東ドイツの " 計画経済 " 下で小村から産業都市に発展し、冷戦終結後の " 市場主義経済 " 下で、その都市の再生をどのように進めたかの報告である。この過程でのライネフェルデは " 都市 " であってテューリンゲン " 州 " に属し、州の中でも特有の気質の人々で知られるアイヒスフェルト " 地方（Kreis）" の中心地の1つである。

2：住宅の建設と運営の組織

住宅の建設と運営・管理については、誰がそれを担うかがどこの国でも重要である。

ドイツでは、" 計画経済 " 時代の担当組織が " 自由主義経済 " に対応できるよう再編された。

" 住宅公社 " とは旧東ドイツ時代の自治体住宅管理部門が統一後に有限会社に再編成されたもので、資本の100%を自治体が保有する住宅会社であり監査役を市長などが務める組織。

" 住宅組合 " とは、東ドイツ時代の後期に導入された協同組合組織であり、統一後も自治体から独立した組織として経営されている。東ドイツ時代の住宅建設は中央政府資金で行われることがほとんどであり、" 住宅公社 " や " 住宅組合 " の前身が住宅の運営・管理を行っていた。ライネフェルデにはこのほかに " 市営住宅 " がある。

3：その他のドイツ統合に特有な事項

" 信託庁、Treuhandanstalt"

東ドイツがドイツ連邦に組み込まれる際に " 信託庁（公社ともいう）" が設立された。これは、統一後に連邦政府から委任されて、東ドイツ時代にほとんど国有だった組織と財産を、自治体や民間企業あるいは組合・団体に委譲、移譲もしくは処分した組織。

" 持ち越し債権、旧債権 "

ライネフェルデの旧市街を除く南地区は、産業開発政策の一環として開発され、その際開発主体の市は国から開発資金を借り入れたが、統一後もその債権は持ち越された。

" コンビナート "

東ドイツにおける国営大企業の総称であり、" 計画経済 " 下の産業開発、都市開発を効率的に進めた組織である。たとえば " 建設コンビナート " には、都市開発政策に基づく計画の実施に必要な建築設計、建築生産の専門家が集められて全ての業務を行った。" パネル住宅 " は、プレキャストコンクリート・パネルの量産によるコンビナートごとに開発したシステム。

" 団地再生の経費 "

ドイツ統一の直後、荒廃した住宅団地の造園など外部環境整備は州と連邦の資金で行われた。本書の " プロジェクト " 事例では、その後の住環境再生について、建物の解体・撤去および " 減築 " と " 建築再生 " さらに " 設計管理 " のコストを含めて紹介している。

参考文献：

ドイツにおける都市計画の歴史的背景、政策形成、計画手法に関する事項については、主に下記の文献を参考にした。

1：IBA エムシャーパークの地域再生 ── 「成長しない時代」のサステナブルなデザイン、編著：永松栄、監修：澤田誠二、2006年、水曜社 www.bookdom.net/suiyosha/

2：都市田園計画の展望 ── 「間にある都市」の思想、著者：T.ジーバーツ、監訳：蓑原敬、2006年、学芸出版社 www.gakugei-pub.jp/

3：図説：都市と建築の近代 ── プレモダニズムの都市改造、著者：永松栄、2008年、学芸出版社 www.gakugei-pub.jp/

著者・訳者のプロフィール

[著者紹介]
ヴォルフガング・キール
1948年生まれ。1967〜72年ワイマールにて建築を専攻。1982年より、ベルリンにて建築批評など文筆活動。1993年、2001年連邦建築協会ジャーナリスト賞受賞。1997年ドイツ建築家同盟（BDA）、批評家賞受賞。
主要著書
「会社設立者の天国」──過渡期の建設について、ベルリン、2000年／「産業用集合住宅」──工業化時代の住居形態、ドレスデン、2003年（写真はゲアハルト・ツヴィッケルト）／「空虚さという贅沢」──成長神話からの撤退の難しさ、ブッパータール、2004年

ゲアハルト・ツヴィッケルト
1952年生まれ、写真家。1978〜91年"新ベルリン画報"（NBI）写真記者。1987年ライプツィッヒ造形大学（HfGB）写真科卒業。1992年よりフリーランス。1999年ヨーロッパ建築写真賞（佳作）。
著書
「防火壁」（アム・プラーター画廊のカタログ）、ベルリン、1996年／「ヴァイセンゼーの記念碑」、ベルリン、1998年／「産業用集合住宅」──工業化時代の住居形態、ドレスデン、2003年（文章はヴォルフガング・キール）／「連邦首相官邸」デルメンホルスト、ベルリン、2005年（文章はオリバー・G・ハム）

ウルリケ・シュテーグリッヒ
1967年生まれ、1986〜1991年舞台装置助手。1991〜1998年ベルリン情報誌"シャインシュラーク"共同出版者。1994年より都市開発およびメディアをテーマとするフリージャーナリスト、ベルリン在住。
著書
「間違った倉庫地域」、ベルリン、1993年

イリス・ロイター
1959年生まれ。1979〜1984年ワイマールにて建築を専攻。1987〜1990年東ドイツ建築アカデミー助手。1989年ワイマール建築建設大学にて博士研究開始、都市計画家として独立。1993年ライプツィッヒにて"アーバンプロジェクトオフィス"共同設立。2008年より同事務所責任者。2004年よりカッセル大学都市地域計画部門教授。
主要著書、作品
「7×7ライプツィッヒ」、2003年（ライプツィッヒ造形大学での展覧会カタログ絵葉書版）／「新しい故郷ライプツィッヒ」、2005年、（映画および展覧開会）／「チューリッヒの建設──都市計画コンセプト」（アンゲルス・アイジンガーとの共著）、2007年、バーゼル／「地方の尺度・大きな広い世界」（カタログおよびインスタレーション）、2007年、アルテンブルグ

[訳者紹介]
澤田誠二
1942年生まれ、東京大学（建築学専攻）卒、工学博士、明治大学教授（構法計画専攻）。修士課程で建築生産を研究の後、大高事務所、日本設計勤務の後ミュンヘン五輪施設のためG.ベーニッシュ事務所に勤務。このときからオープンビルディング（SI住宅）の研究・開発に従事。1976〜1978年、ドイツ・フンボルト財団の招聘により住宅政策の国際比較研究。1982〜2000年、清水建設にて技術開発・プロジェクトマネージメントを担当。2001〜2002年、滋賀県立大学教授（社会計画専攻）。1999年より団地再生の研究に従事。

河村和久
1949年生まれ、建築家、ドイツ建築家連盟会員。マインツ工科大学建築学科教授、（建築設計）。1972年、東京藝術大学美術学部建築科卒業後ドイツに渡りアーヘン工科大学工学部建築学科卒業。ケルンの設計事務所勤務の後、ドルトムント大学建築学科建築造形講座助手。1984年、ケルンに設計事務所を設立。ノルトライン・ウエストファーレン州木造建築大賞など受賞。1998年より「団地再生」の調査と研究に従事。ライネフェルデの日本庭園の設計者。

Dank an Mathias Grünzig, Muck Petzet, Silke Reifenberg, Susanne Säurig, David Seidl und alle namentlich zitierten Gesprächspartner. Besonders verbunden bin ich Peter Richter, dessen Dissertation »Der Plattenbau als Krisengebiet« (Hamburg 2006) viel produktive Anregungen bot, und Petra Franke für ihre Ausdauer und Umsicht bei der Betreuung des Projekts. W.K.

ライネフェルデの奇跡
まちと団地はいかによみがえったか

2009 年 9 月 30 日　　　初版第一刷

著　著	文：W.Kil ＋ フォトエッセー：G.Zwickert
訳　者	澤田誠二・河村和久
発行者	仙道 弘生
発行所	株式会社 水曜社
	〒 160 - 0022 東京都新宿区新宿 1-14-12
	電　話 03-3351-8768
	ファックス 03-5362-7279
	www.bookdom.net/suiyosha/
印刷所	大日本印刷株式会社
制　作	株式会社 青丹社

定価はカバーに表示してあります。
乱丁・落丁本はお取り替えいたします。

Translation Copyright © 2009 SAWADA Seiji, KAWAMURA Kazuhisa, Printed in Japan
ISBN978-4-88065-227-6　C0052